我 思 故 我 在

〔英〕约翰·亚岱尔 / 著　钱志慧 / 译

我预判了你的预判

—— 逻辑判断力

天津出版传媒集团

天津人民出版社

图书在版编目（CIP）数据

我预判了你的预判：逻辑判断力 /（英）约翰·亚岱尔著；钱志慧译. —— 天津：天津人民出版社，2023.1

书名原文：The Art of Judgment
ISBN 978-7-201-18872-0

Ⅰ.①我… Ⅱ.①约… ②钱… Ⅲ.①逻辑思维—判断—研究 Ⅳ.①B804.1

中国版本图书馆CIP数据核字(2022)第196243号

Copyright © John Adair, 2020
This translation of The Art of Judgment is published by arrangement with Bloomsbury Publishing Plc.

著作权合同登记号：图字02-2022-194号

我预判了你的预判——逻辑判断力
WO YUPAN LE NI DE YUPAN —— LUOJI PANDUANLI

出　　版	天津人民出版社
出 版 人	刘　庆
地　　址	天津市和平区西康路35号康岳大厦
邮政编码	300051
邮购电话	（022）23332469
电子邮箱	reader@tjrmcbs.com
责任编辑	陈　烨
策划编辑	倪静文
装帧设计	袁　芳
制版印刷	天津鑫旭阳印刷有限公司
经　　销	新华书店
开　　本	880毫米×1230毫米　1/32
印　　张	7.5
字　　数	160千字
版次印次	2023年1月第1版　2023年1月第1次印刷
定　　价	49.80元

版权所有　侵权必究
图书如出现印装质量问题，请致电联系调换（022-22458633）

引言 PREFACE

> 时间是什么？没有人问我的时候，我好像知道答案；如果有人突然要我解释，我反而说不清了。
>
> ——圣·奥古斯汀

同样的道理也适用于判断。昨天，一位和丈夫分居了的朋友对我说："现在想起来，我最初的判断没错，但当时还是莫名地和他结婚了。"其实，大多数人都清楚她所说的"判断"是什么意思，但要对其进行阐释，便不知从何说起，更别提教导他人了。我想可能很多人和我有同样的感觉，也许这就是市面上论述判断技巧的书籍屈指可数的原因之一。

但人们认为具备良好的判断力十分重要，特别是对于领导者来说。古罗马历史学家塔西佗曾写道："理性冷静的判断，是领导者最应具备的能力。"学者通过调查发现，人们认为良好的判断力比道德标准、同情心、经验等更重要。但这一关键品质很少被人提起，可能就是因为它很难被定义。

走向未来

对判断下一个严苛的定义远没有对它形成一个清晰的概念重要。因此，本书的第一部分致力于将"判断"解释为普通过程中的一步，当我们走过所有过程展望未来时，会发现真正困难的是选定前进的方向。学者们可以对许多问题永远保持中立，但领导者不可以。领导力的关键在于时机，因为它事关领导的决策。第二部分的主题就是现实，在面对充满不确定性的局面时，领导者应如何快速地做出正确的决策，并带领其追随者前行。书中的每一章都将从实用的角度聚焦判断的相关主题，致力于如何提升个人的判断力。需要强调的是，判断力强的人，通常就是意识到自己容易做出错误判断的人。

全书阅读指南

为了鼓励读者跳出书中的内容去思考,我在每章的结尾简单总结了一些章节要点。对我来说,这些不只是总结,因为书中的一些思想就是在总结的过程中诞生的。

同时,我也列出了一些清单。它们不是那种在旅行前提醒我们打包好所有行李的普通检查清单,而是真的希望能够帮助读者做到理论联系实际的清单:理论是书里的观点,而实际则是建立在需求、问题和机遇之上因地制宜的实践活动。因为只有当思想与经验、理论与实践碰撞出火花时,我们才能学习:

思想 ⟶ 经验

或　　　和　　　或

理论 ⟵ 实践

理论与实践这两端结合之后,我们才能有所收获,这两端缺一不可。为此,我在书里列举了各种案例研究和事例:

理论 ⟶ 第三人事例 ⟶ 你的经验

反过来也是一样。我们必须学会从对领导者的观察和自己的亲身经历中获取实践的知识，以建设性的批判眼光看待书里的观点。我们在思考这些要点和回答这些清单上投入的时间越多，思考效果就会越好。因此，要在判断的技巧上取得有意义的进步，既需要经验，也需要思考。这是一趟漫长的旅程，需要用一生的时间去探索，而我只能陪大家走一段路，让每个读者都能自信地面对人生道路上的判断。接下来正如法国作家马塞尔·普鲁斯特所说，一切都取决于你：

我们不要坐享其成得来的智慧，我们必须在经历一段旅程后自己去探索。

目录

第一部分
重新定义：判断的五个维度

▶ **第一章　有目的地思考：不断对新信息进行筛选** / 003

　　有目的地思考 / 008

　　本章要点 / 019

▶ **第二章　选择：判断自己不想做什么** / 021

　　选择也有先来后到 / 025

　　决策就是缩小选择范围 / 027

　　与"三的定律"有关 / 032

　　不必匆忙做出选择 / 036

　　决策失误的原因 / 039

　　如何衡量结果 / 045

　　本章要点 / 051

▶ **第三章　经验：让决策变得更可靠** / 053

　　让直觉来帮助决策 / 057

　　在商业中如何判断 / 060

　　培养自己的商业天赋 / 065

　　直觉也并非万无一失 / 069

　　本章要点 / 075

▶ **第四章　真理：判断自己该做什么** / 079

　　真理是诚实 / 082

　　不要害怕面对真实 / 084

　　本章要点 / 086

▶ **第五章　清晰的思维：看透事情的本质** / 089

　　不要刻意合理化思维 / 093

　　适当地深思熟虑 / 095

　　将目标具体化 / 098

　　本章要点 / 103

第二部分
修炼：成为精明的决策者

▶ **第六章　选择自己喜欢的职业** / 107

如何理解职业 / 109

选择适合并热爱的职业方向 / 112

如何遇到灵魂伴侣 / 125

竭尽全力去执行计划 / 130

本章要点 / 136

▶ **第七章　成为团队的决策者** / 139

如何理解领导力 / 143

领导的工作内容 / 147

将领导的工作分层 / 150

选择合适的时机抢先变革 / 160

如何建立一个高效团队 / 164

本章要点 / 168

▶ **第八章 进行有效的共享决策** / 171

    如何实现团队共识 / 177

    领导不是一个独行者 / 180

    本章要点 / 185

▶ **第九章 构建正确的价值观** / 187

    如何构建团队价值观 / 192

    保持诚实、正直 / 198

    保持谦逊 / 206

    本章要点 / 214

▶ **第十章 实践的智慧** / 217

    最高层次的判断 / 220

    本章要点 / 225

▶ **尾声** / 227

第一部分 Part One

重新定义：判断的五个维度

第一章 Chapter·01
有目的地思考:
不断对新信息进行筛选

思想不是耍弄心机，不是想象推演，不是逃避现实；思想是人之所以为人的根基。

思考是一种整体性的活动。无论喜欢与否，在我们的大脑里，思考随时都在发生，并呈现出许多不同的面貌或形式。谁没有在百无聊赖的时候做过白日梦呢？然而，我们的整体思考在平时可不是信马由缰的，换句话说，我们一直都在有目的地思考。

整体性的（holistic）这个词（源自希腊语holos，意为"完整的"）出自1926年出版的《整体论与进化》（*Holism and Evolution*）一书，并于同年被收入英文词典。该书作者是南非政治家、军人扬·克里斯蒂安·史末资。史末资在剑桥大学攻读法律学专业期间产生了一个"伟大的想法"，他开始关注起大自然，尤其是植物和人类等生物体在生态环境中运作和演化的方式。他在书中写道："这种整体和整体性的倾向是大自然的基础。"多么简单而深刻的一句话！此外，他还认为人类的思考是一个活的有机体，它在处理目的时是整体运作的。

史末资——论有目的地思考

思考领域最重要的部分和未来有关，并使"未来"成为对当下思考活动中一个有影响的因素。思考是通过了解目的来运作的；目的是思考运作的动能，大脑通过目的来思考关乎未来的某个预期结果，并让这个目标理念在当下发挥出最大的力量。

因此，假如我决定下个假期去狩猎，就需要面对随之而来的复杂局面，并为这个想法制订一整套周全的计划和行动方案。在目的之中，未来作为头脑中的一个思考对象，既影响当下，又促使我们进行一长串为了实现目标的行为。当然，刻意设定目标以及精心设想和谋划，结果是有意识的行为，但计划中的许多次要因素也会同时无意识地运作。

这里需要注意的是，目的或目的性的活动不仅仅表现为未来对现在的影响。目的充分地证明了思考在物质条件等方面的自由和创造力，也证明了思考为其自由活动创造的自身条件和赋予自身条件的能力。

目标行动，是每个人自己思考中有计划的行动，它不受外力的影响或干扰，只依靠自己选择的执行方式去实现目标。有了目标之后，思考会成为自己的主人，它有能力实现我们的愿望，形成我们的道路，并且不受外界环境条件的影响。

再者，强调目的的活动具有独特的整体性。在现实生活中，过去的经验、预期中未来的可能性和当前的现实情况相融合，最终变成人的个体行为。它不仅涉及感觉和认知，还涉及复杂性格的概念，关乎预期结果的情感和欲望，与计划行为有关的意志力紧密相关。所有这些因素都融合成一个独特目的，然后将其付诸行动。因此，"目的"可能是思考自主性、创造性、整体性活动的最高和最复杂的表现形式。

英国宇航员蒂姆·皮克在安全返回地球后强调了人生目标的重要性。"最重要的是，它们赋予了人一种意义。"2018年，他在彼得伯勒大教堂的蒂姆·皮克太空船展览上发表了这番讲话。这次展览展示了2016年将他从国际空间站安全接回地球的"联盟号"太空舱。皮克在发言中说，那张著名的蓝色星球远景照片——我们在太空中的家园，激发了他的好奇心，也让他对人生的看法发生了深刻的变化。"这不是所谓宗教意义上的信仰。"他补充道。

皮克在演讲中说："我认为重要的是，我们是否有目标信仰。有没有目标感是关键。我们的目标感关乎我们应该如何生活，如何与他人相处。这就是我的信仰。"

正因为我们带着目的出生，所以我们才会思考。

有目的地思考

> 第一部分 ※ 重新定义：判断的五个维度

当我们有目的地思考时，会发生什么呢？寄希望于通过内省找到这个问题的答案并不容易。原因很简单，我们的头脑不能同时思考两件事。正如爱尔兰学者克莱夫·斯特普尔斯·刘易斯所说："我们无法在抱有希望的同时思考希望这个行为，因为我们期待实现希望中的目标，但又关注希望行为本身，结果反而妨碍了目标的实现。"

这两种活动可以交替进行，且速度极快，但它们是截然不同且互不相容的。因此，从某个层面上来说，几乎所有的内省都会让人产生一些错误的观念。我们试图通过内省看清"自己的内在"，想要弄清发生了什么，但几乎前一刻我们正在做的所有事情，都因为我们转身去看希望本身这个行为而停止了。

这就像我们知道思考的开端和结果应该是什么样的，但却很难弄清两端之间的过程和内容一样。正如美国哲学家约翰·杜威在《我们如何思考》(*How We Think*)一书中所写的：每个思维单元都有两极，即一开始困惑、不安、糊里糊涂，到最后变得明朗、统一、迎刃而解。

在一本多次再版的早期著作《清晰思维》(*Clear Thinking*)中，作者罗兰·沃尔特·杰普森提出了一个连接这两个极点的桥梁理论。这座"桥梁"由六个"桥拱"依次组成：

兴趣：思考者意识到了问题，引起了兴趣。

专注：明确问题，收集并审查相关数据。

建议：提出可能的解决方案。

推理：计算每种解决方案的结果。

结论：采用最满意的解决方案。

检验：将采用的建议提交检验。

第一步，兴趣

第一步，我们的兴趣被激发出来，思考开始变得活跃，这是所有目的性思考里必不可少的先决条件。但只有好奇心是不足以激发建设性思想的。例如，当我们听到一个奇怪的声音时，就会产生短暂的好奇心，但并没有产生兴趣，我们会认为这件事并不重要，并且把它从头脑中剔除出去。若仅仅是上述情况，我们并不会开始思考，只有当兴趣被点燃时，持续的思考才会发生——兴趣是思考的燃料。

第二步，专注

第二步，我们首先要分析情况，将所有得到的信息分解为构成要素，以便区分这些要素的难度。我们在这个过程中会收集、核实、分类、整理和审查关于问题的各种事实和情况，并参照以往的判断单独或分组评估其重要性。接下来，我们将问题具体化，并以一个问句或一系列问句的形式表达出来。

所以，我们要经常问自己，什么是问题的关键。我们应该尽量用简洁、明确的语言来进行表述，排除所有其他次要问题和只会起混淆作用的信息，尽量清楚、明确、精准地表述出你要解决的问题的关键，这对于整体思考的运作来说至关重要。

事实上，当深入到问题的核心时，我们就会发现造成困惑的基本问题，这一阶段可能非常关键，因为我们很容易在这一步找到解决办法。正确地表述问题，就好比找到了打开一扇门的钥匙，有了它就等于解决了问题的一半。相比之下，模糊地表述常常会让问题变得更加难以理解。

因此，我们应尽可能地避免一些看上去很复杂的问题。在一些情况下，问题的措辞可能会限制我们的思维。此时，我们应该花些时间仔细研究问题的表述方式，然后再认真思考一下问题究竟在探求什么。

前期准备完成后，问题的起因通常已经不重要了，只有与所提问题相关的事实才具有意义和价值。换句话说，是我们构建的问题将数据转化为信息。但是，事实的价值有可能直到第三步或第四步才会显现出来，所以这个时候任何一个试探性的解决方法或假设都有可能让我们回到第二步，去寻找被忽略的某个事实或在当时还不明显的迹象。

总的来说，第二步是一个关注问题本身的阶段。我们可以称之为分析阶段——打破困难的局面；提出并清晰地表述问题；收集、核实、分类、整理、审查与之相关的各种事实和情况；参照其重要性，将这些信息单独或分组进行评估。

顺便说一句，有些人认为分析就是拆解事物，就像小孩拆玩具一样。但是事实远不止如此——分析其实是一种寻找。你的目标到底是什么，取决于事情的性质，但无外乎以下几种可能：

确立各部分之间或各部分与整体的关系。

找出问题的真正原因。

区分问题的轻重缓急，必须在"非此即彼"的情况下做出决定。

发现自然规律。

寻找经验背后的根本原则。

第三步，建议

到了第三步，我们开始提出可能解决问题的方法了——或许只比瞎猜好一点——前提是对数据及其含义进行了深入分析。事实上，这一阶段和上一阶段逐渐融合起来：基于数据产生建议，而建议常常促使我们为了获取更多的数据而做进一步探究。

第四步，推理

等到我们依次推算出每个建议的可行性时，第四步和最后两步之间会极大地相互影响和彼此推进。而这个过程让我们可以很快摒弃掉一些只比猜测好一点的初级建议。

第四步的特点在于通常会用到假设形式的推理。这种思考的起点是一个假设——"假设X为真，那么a、b、c、d、e一定（或可能）为真"。换句话说，这个假设作为初步提出的解决办法之一，我们需要认真考虑它的可行性。如果a、b、c、d、e符合所有的相关条件，以及这个假设涵盖并且解释了我们在第二步进行分析时发现的所有令人费解的要素，那么在第五步我们应该考虑将这个假设作为问题的合理解决办法去操作。

应该明确的是，我们需要清醒理智地根据解决办法与事实的关系程度、解释事实的能力做出客观的选择。相反，偏颇的人往往会受到无意识情感的过度影响，倾向于最合自己心意的方法，这些人会放弃不符合他们主观假设或先决条件的选择。懒惰的人则更青睐最轻松的办法——因为这样做最省力。

第五步，结论

这一步，我们可以开始将碎片拼成一幅完整清晰的图画。起初随意的想法或可能性已经逐渐成形，整个过程就像在完成一幅拼图。因此，第五步可以被称为综合阶段。综合是指通过整合元素来构建一个复杂的整体，这其中需要关注的是形成概念、想法、理论的过程。

第六步，检验

最后一步，做出的假设，即暂定的解决办法，需要我们在最终采用之前对其进行测试。这就好比在科学实验室里进行的对照实验——在实验中，实验对象的所有成分和条件都要精准重现，用来观察暂定的解决办法是否可行——测试也是如此。倘若实验不出可获成功的结果，就无法确定仅通过思考得到的解决办法的可行性。

罗兰·沃尔特·杰普森写道："当人类本身和人际关系成为我们所面临的问题的根源时，那么一切都会变得不确定，因为这两者不仅随时会变，并且难以被详尽地分析或分类，而且几乎不可能被客观准确地衡量、计算或评估。"

严格来说，我们无法真正对人或人际关系做出概括，只能判断其趋势或倾向。这些趋势至多只能充当未来的行为或事件的粗略指南，也就是所谓的"经验法则"。世事难料，人生无常，而这些无常总会在你最不经意的时候出现。因此，我们需要谨慎地应用规范和原则，充分考虑每个人、每个群体和每种情况的特殊性。

现在，我们知道只有在相当不确定的情况下才需要判断，而且不确定性往往是无法得出结论或拒绝对得出的合理结论进行实际检验的借口。有些人在面对最终的"二选一"的抉择时，会表现为模棱两可。这要么是因为他们害怕选错了会造成糟糕的后果，要么是因为他们误以为"作壁上观"是一种值得称赞的公正态度。

当然，"作壁上观"在有些时候是最明智的做法，尤其是在做判断的时候。1998年9月6日，《星期日泰晤士报》（*The Sunday Times*）的一名记者写道："作壁上观"这种做法饱受诟病，但可以让人看得更清楚，这样既不会弄脏双脚，也能保留选择权。这种行为也许看上去不太优雅，但拒绝做决定，有时候要比一边向现实妥协一边说"哦，好吧，要是你坚持的话"看上去更坚定。

还有一些人在面对经过合理审查现有事实所得出的结论的时候，不愿意对其进行检验——这在理论上很好，但在实践中行不通。

这种思考方式并不完整，其主要目标也没有实现。

那些因为无法立刻决定而无限期拖延做判断的人，他们其实一直都在等待。相反，清醒的人只会在情况允许的条件下暂时推迟做判断，等时机一到，他们就会勇敢而坚定地行动起来，哪怕只是尽可能地去尝试。他们也许会犯错，但在某些情况下，犯错总比永远拿不定主意要好。

美国总统富兰克林·德拉诺·罗斯福对此深信不疑。大萧条期间，在罗斯福总统就职典礼后不久，他在国会发表演讲时说："有一件事是肯定的，我们总要做些什么。此时此刻，我们必须尽己所能做到最好。如果做得不对，我们可以边做边改。"古罗马人称这种务实的做法为"致知在躬行"（solvitur ambulando）——一边前进一边解决问题。

因此，做判断通常和时机息息相关。具备良好判断能力的领导者通常懂得在时机成熟时立即行动。他们都会在决定之后停止空谈，马上行动。

领导者不仅要果断,还必须让他的追随者知道他已经做出了决定,并且毫不犹豫、毫不动摇、毫无疑问地跟随他。他必须坚决地行动起来,以自信和勇敢的态度表明自己的坚定。领导者必须看上去是已经打定了主意的。

——奥德威·蒂德《论领导的艺术》
(The Art of Leadership)

做出决定或给出结论并非终点:事出必有因,有因必有果。高效的思考者都知道,下定决心与保持开放的思想并不矛盾。他们清楚自己的判断必须经受时间的考验,以及他们做出的决定或临时结论注定要接受新的事实和不断更新的经验的检验。它们可能会得到证实或加持,也可能会淹没在历史的长河中。不管是对个人来说还是对集体来说,要判断决定或结论正确与否,实践都是最好的试金石。

本章所概述的目的性思考过程,并不局限于某个特定研究或工作领域中,它具有通用性。知识,无论是理论的还是实践的,可以说最终都殊途同归——其各个分支所使用的工具都离不开"思考"这个万能的舵。

没有两个人是完全一样的,就像没有两场战争进程完全相同或事件完全相似。尽管如此,当我们把目光从琐碎细节转移到普通的模式和结果上时,研究人类的思维和判断在理论上是有可能的。

本章要点

当我们有目的地思考时，主要有三种心理技能在起作用——分析、综合、评估。分析本质上是分解和剖析，即把事物拆开，以观其组成；综合是把事物放在一起进行组装结合；评估是参照某种尺度对事物的价值进行估算。

我们在思考时，思维可以说是在不断转换变化的，但我们很少意识到这一点。这是一个整体的过程，因而不适合使用内省法。

人类可以在不同的意识层面上进行有目的性的思考。很多分析、综合、评估都是在无意识或下意识的状态中完成的。这也是我们在做判断时无法检视判断的原因之一，就像我们无法检查一台正在运行中的机器一样。

情绪或感觉可以激励、促进有效的思考，因为兴趣不就是一种感觉吗？但负面情绪，特别是各种形式的恐惧——尤以弥散性焦虑为最——对判断过程会产生负面影响。我们无法控制自己的情绪,但能控制自己的注意力。弄清楚我们到底在恐惧什么,但不要执着于此。换句话说,要打定主意保持积极的心态。

事实上,了解自身思想的广度、深度和力度,是我们获取他人尤其是同事思想的重要途径。可以说,我们能从内心了解自己,却只能通过五官的感知从外部了解他人,但好在我们的"内心"还有许多共同之处。

我们不断对新获得的信息进行筛选,用过去获得的信息对其进行解释,然后展望未来。在这方面,我们要理智且精益求精。

我个人认为,1934年版《韦氏词典》(Webster's Dictionary)对判断的简短定义最为合适:"在事实不明的情况下基于迹象和可能性做出决定或结论。"

> 让他处理政策上的事,
> 他都能迅速解决难题,
> 熟练得就如解开袜带。
>
> ——威廉·莎士比亚《亨利五世》(Henry V)

第二章 Chapter·02
选择：判断自己不想做什么

刚开始，思想就像一个人站在岔路口：左右为难、进退维谷，不知该如何选择。

何为决策（decision）？决策是指通过把胜利给予一方或另一方，你就此"切断"了权衡某个问题、争议、原因的两个方面或所有角度的心理过程。从字面意思来看，decision（源自拉丁语动词decidere，切断）就是判断完结和行动开始的分界点。

请注意，这个词暗示了初始阶段存在的某种困惑或犹豫。在没有选择的情况下，也就是当不存在岔路口时，我们体会不到真正做决定时的感觉。当我们想找份工作时，我们得到了一份工作的录取通知，这就用不着选择了。但如果有两个同样诱人的工作机会摆在面前时，我们就需要做出决策。

至少在理论上，决策过程遵循逻辑模式，如下面这张结构图展示的五步决策法。

五步决策法	
步骤	关键举措
确定目标	阐明目标;了解决策所需
收集信息	收集整理资料;核对事实观点,找出各种原因;制订时间进度计划和其他标准
开发选项	列出可行性方案;提出想法
评估及决策	列出利弊清单;检验结果;根据标准衡量、实践、测试,选择出最佳方案
执行	付诸行动;对决策进行监控和修正

同样,也有一些更容易记忆的简单形式。例如,在我参与的"培养创新工程师"项目中,有两名参与者提出了效果不错的四步决策法:

1. 明确问题。

2. 处理影响解决方案的因素。

3. 提出一个直观想法。

4. 形成具有实用价值的想法。

再举个例子,澳大利亚的军队制定了一种传统但更为简单的军事决策指南,形式简单、便于记忆,被称为"形势判断"。

目标——我/我们要达到什么目标？

因素——妨碍或帮助我们的因素有哪些？

行动——鉴于这些因素，我/我们或其他利益方（可以是竞争对手、敌人、客户等，这取决于职业）可以做些什么？

计划——我/我们该怎么办？

在正常情况下，谁也不会故意制订错误的计划。这份简短的清单可以帮助我们确保决策路径的有效性。

在检查自己的清单时，我们需要留心以下这些关键问题：

我确定目标了吗？

我有足够的信息吗？

有哪些可行的方案？

我对它们的评估都正确吗？

这个方案看上去能够执行得顺利吗？

假如我们犯了错误，需要从中吸取教训，那么我们可以复盘清单上的问题，试着找出错误所在，从经验中学习。这有助于建立潜意识规划思维，下一次做判断时，预警潜在错误的红灯就会提前亮起。

选择也有先来后到

领导者的职责之一是预防团队"本末倒置"——在没有充分了解问题的时候就妄下结论或者做出决定。经验丰富的决策者懂得合理质疑过早达成的共识和非此即彼的想法。著名管理学作家彼得·德鲁克曾说过:"决策的首要原则就是无分歧不决策。"为了说明自己的观点,他讲了一个故事。阿尔弗雷德·斯隆(前通用汽车公司总裁)在一次高级委员会开会时说:"各位,我觉得我们应该全部都通过这个决议了。"与会人员全都点点头。斯隆先生接着说:"那我建议,我们下次开会时再进一步讨论这个问题,留点时间想想有没有不同意见,也许我们能对这个决议的全部内容多一些深层次的想法。"

富有想象力的作家可以把这种随心所欲或不合常理的

顺序颠倒写成滑稽剧。路易斯·卡罗尔在《爱丽丝漫游仙境》(Alice in Wonderland)一书的最后几章里就是这么写的。他讲述了红心武士因为偷窃王后烤的馅饼而受审的故事：

"让陪审员考虑评审意见。"国王说，这是他今天第二十次说这句话了。

"不，不！"王后说，"应该先判决，后评审。"

"胡说八道！"爱丽丝大声说，"你竟然想先判决？"

"住嘴！"王后气得脸色发紫。

"就不！"爱丽丝说。

"砍掉她的头！"王后声嘶力竭地喊道，但却没有一个人动。

"谁理你呢？"爱丽丝说（这时她已经恢复原本的样子了），"你们只不过是一副纸牌！"

这些其实都是在告诉我们，未知全貌时，我们都不应该对任何事情轻易地下结论。

决策就是缩小选择范围

在英语里，我们现在通常把 option（选项）和 alternative（供替代的选择）这两个词当作同义词来使用，但这两个词之间存在一个重要的区别——严格来说，alternative 是指二选一且只能选择其中的一个，两个选择具有互斥性；而 option 则是指在两个或两个以上的可选事物中选择一个，是多选一。

最大程度地了解所有情况后，我们就可以提出具有可行性的行动方案或解决办法（即选项），并做出选择。我们需要充分了解所有选项，并且知道如何才能从选项中选择出最适合目标的过程，以便做出最佳判断。

认清这一阶段的目标很重要，不要妄图找到所有可能的行动方案。管理学教材中通常将这条建议作为针对犹豫不决情况的突破方式。以国际象棋为例，我们可能会认为计算机可以思考棋局中的每一步走法，可事实并非如此。普普通通的一局棋平均要走25步，如果计算机想在棋局进行的过程中计算出每一种可能性，那它要计算的走法组合数量会有很多！

因此，一台聪明的计算机——就如同你我——只能提前预测。计算机的缺点在于其缺乏评判能力，而象棋大师马上就能知道哪些走法可行，哪些值得自己进一步考虑。这就是一种价值判断。

"可行性"这个词至关重要，因为将它评估准确就能节省很多时间。如果我们知道自己要找的目标是什么，那么了解方法的"可行性"对审视每个选项都有很大的帮助。在文字层面上"可能"的词义更加广泛，指在条件限制下一切可以做的事，而"可行"则将词义缩小为使用现有资源可以做且符合成功标准的事。这在现实生活中与国际象棋的情况相反，但肯定包含价值判断。

首先，要从大量潜在的选项中挑选出可行的选项。假设我们是硬币制造商或钻石商，需要快速从别人的收藏中筛选出五六件值得购买的藏品。此时，排除法就派上了用场，这个过程如图2.1这一漏斗模型所示。

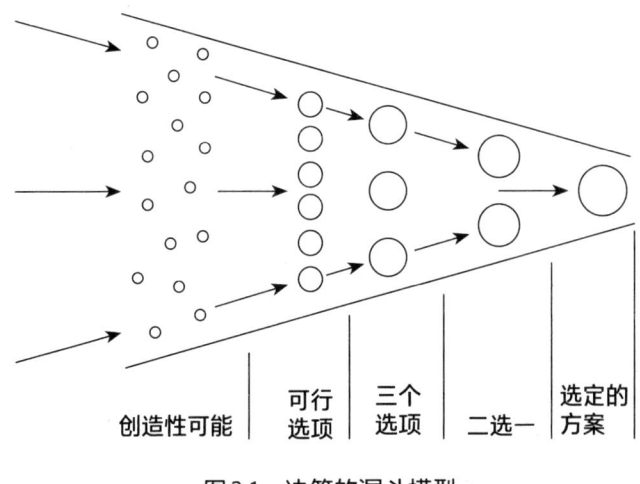

图2.1 决策的漏斗模型

（漏斗从左到右标注：创造性可能 | 可行选项 | 三个选项 | 二选一 | 选定的方案）

证明事物有误远比证明事物正确要更容易，这是常识，也是科学界的主流观点。从理论上来说，我们无法绝对证明任何事情的正确性，但出于实际需求考虑的话却是可以的，只要对真理探寻的程度满足日常需求，那么我们并不需要得到绝对准确的真理。科学界总是试图设计一些检测方式用来支持或驳斥假设，科学家只能坦白地说，他们的假设暂时经受住了到目前为止的所有考验。

一名女士在看到一则天文观测可以证明相对论的新闻后，给阿尔伯特·爱因斯坦写了封祝贺信，而爱因斯坦在给这名女士的回信里写道："女士，一千次实验也无法证明我是对的，但一次实验就能证明我是错的。"研究可行方案的目的，就是要尽快将这些选项缩减为非此即彼的两个备选方案。但请记住——欲速则不达。

经验丰富且务实的思考者不喜欢"别无选择"，只要我们停下来仔细观察和思考，总会有可选择的范畴。

死亡之桥

1862年9月17日，美国南北两支军队以安提坦河为界在两岸对峙，沿线炮声轰鸣[①]。北方军将领安布罗斯·伯恩赛德下令猛攻过河，与对手展开近战。他们选择的进攻路线需要通过安提坦河上的一座窄桥，这是附近唯一的一座桥。在专门为扼守这座桥而设的炮台里，南方军

[①] 1862年9月17日凌晨，由罗伯特·李将军（Robert Lee）领导的南军和麦克莱伦将军（George B.Mcclellan）率领的北军在安提坦河展开美国内战中极为惨烈的安提坦河血战。——译注

的炮手们简直不敢相信自己的眼睛，他们只用大炮就轰光了一个又一个团。

伯恩赛德将军没有发现这片区域水深约为1米，步兵或骑兵在任何一处都可以非常安全地直接涉水过河。

当时伯恩赛德将军认为他只有一个选择，但事实上，现在的我们知道他错了。他没有进行周密的侦察，而是基于对自己处境的错误认知直接做出了决定。

在谈到安提坦战役和战败的将军时，林肯总统有些苦涩地说："只有他才能在胜利的关口败得这么惊世骇俗。"

与"三的定律"有关

还有一种判断错误也很常见——一些人很快就把五六个可行选项缩减成非此即彼的两个。

希特勒的决定

阿道夫·希特勒就喜欢做二选一的选择。相信直觉的思考者——尤其是那些认为自己在这方面极具天赋的人——往往未曾有意识地认真思考并合理排除大量选项，就直接跳到了二选一。希特勒的内阁成员兼密友阿尔伯特·施佩尔意识到了希特勒的这种倾向。希特勒的用人甚至当着这位独裁者的面公开对此开玩笑，但并未引发他的怒火。后来，他的习惯用语"有两种可能性"成了其秘书日常工作使用的口头禅，例如她会说："有两种可能性，要么下雨，要么不下雨。"

希特勒未能系统地思考军事形势，加上对身边能这样思考的将军和参谋越来越不信任，以及持续性情绪压力对他心智造成的负面影响，成为他率领的德国军队失败的原因之一。当然，就算他能记住普鲁士政治家俾斯麦的至理名言——"当对手看上去只有两个选择时，那么他应该就会选择第三个。"——他照样得品尝失败的苦果。

事实上，考虑中的可行选项能够最终缩减到三个，是一个不错的判断策略。这就是所谓"三的定律"。

我们的大脑进化出了一种保护自我免受伤害的方式，作为保护体系的一部分，我们喜欢有多种选择。众所周知，在紧急情况下如果我们没有选择，就可能找不到绝境中的出路；另一方面，我们的大脑也知道，如果选择过多，也会给我们带来困扰。选项太多可能会出现选择错误，从而导致不可挽回的后果。总而言之，大脑喜欢有选择，但不喜欢有太多的选择。

还记得《金发女孩和三只熊》（Goldilocks and Three Bears）这个童话故事吗？故事的主人公是一个年轻的金

发女孩,她饥肠辘辘地走进了小熊一家的厨房里,餐桌上有三碗粥,但她却没有看到熊的身影,也听不到任何一只熊的声音。她想要吃的话,该如何选择呢?在这三碗粥里,她不可以选太烫或太凉的那碗,也不能选太多或太少的那碗,要选正好的那碗。可做选择的范围是"三个"。

我们的语言也反映了我们对"三"的偏爱。一般来说,基本上所有的语言都建立在"主语—谓语—宾语"这三个恒定成分的基础上,大部分语言通常都是按这个顺序排列。请注意,英语中"第一、第二、第三……"前三个数字的重要性是通过独特的词尾来体现的:第一是st结尾(one-first),第二是nd结尾(two-second),第三是rd结尾(three-third)。后面的表达形式则基本都以数字为基础加th结尾——第四(four-forth)、第五(five-fifth)、第六(six-sixth)……

奥运会等体育赛事进一步证明了"三的定律"。一项赛事的获胜者会以第一名、第二名、第三名为顺序获得金牌、银牌、铜牌。第四名、第五名……则没有奖牌。在很多比赛中,第三名之后的运动员就不再计算成绩了,人们似乎不关心也记不住第三名之外的运动员。

颜料可分解为红、黄、蓝三原色；从音乐角度来看，每个音阶的第三个音听起来最愉悦、最和谐，而三和弦是音乐和声的基石；我们都清楚，几何中三角形是最稳定的形状，这就是承重量很大的桥梁和建筑需要基于三角形进行架构的原因。

假设我们的大脑天生是一个模式探索者，不断在周围的世界里寻找关系和意义，那么"三"其实就是我们创建一个模式所需要的最小数字。它是简洁和韵律的完美结合，罗马人用一个只有三个词的简明短语对此进行了恰如其分的表述：omne trium perfectum（以三为单位的一切都是完美的、完整的）。

不必匆忙做出选择

可以选择不作为

如果我们对最终的两个选项都不满意，并且无从妥协，那就应该问问自己："我是否必须要做这个选择？"不要忘记有个选项叫作"不作为"，即决定不采取行动。有时，我们提出的解决方法也许比问题本身更糟糕，我们还不如不去管它，时间也可能圆满地解决一切。但是，我们选择不作为必须要有充分的理由，而不能是因为"自暴自弃"。

只有对不作为的后果做出判断，我们才能把它转变为积极的行动。做决策就像动手术，会在关系、组织、社会等"生命体"中引起各种连锁反应。即使最微不足道的决定，也可能造成轻度"休克"。有时候，生命体可以因为手术而得益，从休克中苏醒，但是生命体也可能因为一个小决定而彻底完蛋。以后一种情况来说，这样的治疗肯定要比疾病本身更糟。

不要着急做决定

很多事不会随着我们的意愿而更改，但愿望会随着时间推移发生变化。那些我们曾经渴望改变但却难以改变的事情就变得不那么重要了。我们没有像下决心时那样克服困难，但生活却让我们绕过去，带领我们越过它。在未来，当我们回头凝视过去时，那些障碍几乎已经消失不见，曾经的困难已变得难以察觉。

——马塞尔·普鲁斯特

如果明显没有最佳选择，也无须在成就目标和选项可执行性之间进行取舍，我们也许可以选择留有最多余地的选项——尽可能长时间地保留选择权才是明智的策略。

选项清单

在经过之前的一些思考和论述后，我们应问自己以下这些问题：

鉴于事情的现状，哪些潜在选项仍然是可行的？

哪些可行选项是真正的二选一？

二选一的选项是否相互排斥，是否可以两者都选？两者是否可以进行创造性地结合？

结合形成的折中方案是否比任何一种单独方案更能实现目标？

不采取行动是否更适合？

我们应该在什么情况下放弃长时间保留选择权这一策略？

可能有人会说，哪有那么多时间照着漏斗模型的步骤行事？但是，即使情况再紧急，我们也要保持冷静，找出可行性最强的选项。

决策失误的原因

一旦得知问题或情况存在很大局限之后，你就应该检验这些限制的真实性，分析它们是真实局限还是假性局限。这就是价值思维。了解真相也许需要花费一些精力。就像前面讲的美国南北内战的例子，如果伯恩赛德将军当时进行了适当的侦察，就会发现安提坦河水域对于士兵渡河来说并非难事。它不是楚河汉界，而是大路通天。那情况就会更有利于北军了。

历史上有很多军事将领们用实战验证了人类关于极限的判断错误的例子。法国军事家拿破仑·波拿巴（1769—1821）在入侵意大利前读过许多军事家的著作，这些书中反复强调，想要在冬天率领大军翻越阿尔卑斯山是不现实的。拿破仑的参谋人员对此表示认同，但拿破仑认为这一观点未必正确：就翻山越岭而言，冬天并非最不利的季节。冬季雪冻硬了，天气稳定，也不用害怕阿尔卑斯山真正的危险——雪崩。在12月，那些山区的天气往往极好，空气干冷、天朗气清。

1940年，希特勒无视德国总参谋部的结论，即装甲师不可能穿越阿登山脉的森林。在当时，他做出了一个和拿破仑类似的决定——支持"曼施坦因计划"①。这一次，事实证明希特勒赌对了。

代价高昂的战略性判断错误

20世纪30年代，英国总参谋部花了很长时间研究如何保卫英属远东殖民地的问题。他们加强了新加坡岛的海防工事，建造了强大的重炮炮台，使它在海上坚不可摧，最终建成了一个可以为战时特混舰队提供庇护的强大海军基地。但是，他们却没仔细考虑过敌人会从陆地攻击的可

---

① 曼施坦因计划：1939年，在希特勒召集的一次高级将领会议上，曼施坦因提出了穿越阿登山脉突袭法国的计划。这个计划因需装甲师穿越地形崎岖、森林密布、不利于坦克行进的阿登山区，几乎无人支持。但希特勒认为计划可行。最终，"曼施坦因计划"使得德军成功闪击法国。——译注

能性。英国的军事决策人员认为，敌军无法穿越马来山区的丛林。此外，他们也没有在防空上花很多的精力，因为舰队司令们确信飞机不会对军舰造成太大的威胁。

1941年，该计划被付诸实施。"威尔士亲王号"和"反击号"两艘战舰被派往远东震慑日本。然而，令英军吃惊的是，日军并没有乖乖地在英国岸防大炮前登陆，而选择在陆地的北面登陆。两艘英国战舰前去拦截，但都被日本飞机击沉了。日军毫不费力地向南穿越丛林，从陆地向新加坡挺进。由于所有的炮火都朝着错误的方向，新加坡在几天之内就沦陷了，近8万名英国和澳大利亚的士兵成为日军的俘虏。用温斯顿·丘吉尔的话说，这是"英国历史上规模最大的一次投降"。

决策往往意味着最终选择。考虑到时间和空间的局限，选项可行性越高，决策可能越好。确定所有情况的真实性后，即便只有一条出路，经验丰富的管理者也会反复思考是否还有其他选择。过早地停止思考，我们可能会因为看上去不错的选项而错失更好的可能。

这里需要发挥想象的作用。我们一定要明确区分无意识的假设（当然，这些假设暂时真假难辨）和有意识的假设。我们可以把有意识的假设想象成一种轻便的活动梯子：

假设我们多出100万英镑，我们会怎么做？

假设工会不反对这个计划，我们应该如何实施？

假设委员会暂时同意……

肯尼迪与猪湾事件

谈及入侵古巴失败，即猪湾惨败时，时任国务卿的戴维·迪安·腊斯克回忆说，约翰·肯尼迪总统完全高估了那一小群古巴流亡者的能力①。腊斯克说："我曾经告诉过总统，我们可能需要军队参与行动。我当时应该对他说，

---

① 猪湾事件：指的是1961年在美国中央情报局协助下逃往美国的古巴流亡政权，在古巴西南海岸猪湾向卡斯特罗领导的古巴革命政府发动的一次失败的入侵。当时美国中央情报局从古巴流亡政权处得到的情报不实，这些流亡分子夸大了古巴境内反对卡斯特罗政府的声浪，高估了残存国内武装力量的实力。因此，美国中央情报局在对肯尼迪总统的报告中夸大了对于这件事的控制程度，导致肯尼迪总统决定在这次行动中不让美国军队介入，最终猪湾行动惨败。——译注

让军事参谋长做好美军参战的准备，然后告诉流亡政权在入侵古巴前必须要做哪些准备——他们可能需要空中支援、地面部队支援和海军支援。如果我们提前做了这样的预想，应该不会犯这么大的错误。"

然而，在思考如何使用现有资源时，创造性想象力发挥的作用更大。我们的思维很容易受到心理学上所谓"功能固着"①的支配。这是一种将事物与某一特定功能联系起来的倾向。传统上，我们都认可这些假设：锤子用来钉钉子，军营用来安置士兵，等等。孩子在没有形成功能固着之前，他们做游戏更富有想象力。任何一件物品对孩子来说都可以有多种不同的用途。

在历史上，英国的一个度假营地的出现，就是创造性想象力的一个绝佳例子。比利·巴特林是一位马戏团演员，1946年，他在远眺废弃军营时想到了把军营改成度假营地的主意。建造之前，有人和他说这个想法不太好，

---

① 功能固着：指一个人看到某个物品的某种惯常用途之后，就很难再看到它的其他用途了。——译注

但巴特林仍坚持自己的梦想。在他的度假营地，甚至还保留了他在营地里找到的军队扩音系统。这个度假营地最终很好地满足了英国人民度假方面的需求。

想用创造性思维克服功能固着，需要贯彻一个原则，即克制住批评、分析和推理的欲望。不要急着去分析，让思维摆脱惯常的束缚，在我们所选择的领域里自由驰骋。

如何衡量结果

结果博弈是理性决策的核心。然而，如果仔细研究就会发现，我们并不能精确计算结果。原则上，我们越熟悉情况，就越能预判结果。此外，我们可以从别人身上汲取经验，这就是为什么历史如此重要的原因。情况越陌生，我们就越难进行预测。历史既会重演，又不会完全重演。可见，预测结果是多么困难。

1965年，美国决定对越南军队发动战略轰炸，因此美军需要在西贡附近建立空军基地。为了保护基地，美军派出了近3000名海军陆战队队员驻守。海军陆战队以作战见长，所以指挥官习惯性地选择积极防御。所以，为了满足"防御"的需求，越来越多的士兵被送到那里进行支援，最终基地变得臃肿不堪。

这种草率思考结果的情况太过常见。在对越战场上发生这样的事以后，各方争论演变成一个历史判断问题：美军预见到这样的结果了吗？他们有没有提前进行预判？这些问题关乎责任和过失，关乎我们能不能区分"理由"和"借口"的细微差别。全球气候变化就是这样一个经典且极具影响力的例子。各国的科学家们都对全球变暖进行了预判，并且发出了警告，从而越来越多的人注意到保护地球、减少废气排放的问题了。

　　在做事情之前，"想得越多越好"是一种合理的深思熟虑，这样我们才能对可能产生的意外后果有更多的准备。

妥协也分好坏

　　"半个面包总比没有面包好"，这句古老的谚语表达了一种无奈的妥协情绪。所罗门王智断亲子案则讲述了另一种妥协的故事：所罗门是古以色列联合王国的第三任国王，以智慧和公正闻名，这在智断亲子案中得到了证明——两位自称婴儿母亲的女人抱着一名男婴，请求国王评判谁是孩子真正的母亲。所罗门王提出把婴儿一切为二，让她们一人一半的办法。这时，其中一个女人为了保住孩子的性命而放弃了诉求，从而所罗门王知道，这名甘愿放弃孩子的女人才是真正的母亲。

在第一种妥协的情况下，边界条件仍得到了满足——面包是食物，半个面包仍是食物。然而，半个婴儿不能满足边界条件，因为半个婴儿不是一个活着的、正在成长的孩子的一半，而是一分为二的尸体。

深思熟虑的弊端在于，我们想到的可能性越多，就越难开始行动，而且我们无法预见全部选项的所有显性结果和隐性结果，因此我们必须承担相应的风险。但在商业决策中，通常是风险越大，收益越大，这个原则需要谨记。我们想要更多的收益，就必须面对更大的风险。而风险似乎与决策密不可分，我们应该怎么做呢？

首先，我们需要在仔细考虑后有承担风险的准备。这意味着我们必须努力运用想象力和所有相关的定量方法，尽可能精确地计算风险的性质和程度，然后才可以做长远打算，通过制订一些应急计划使我们面对风险时将损失降到最低。美国石油大亨保罗·盖蒂曾经说过："不管做什么生意，我首先想的是，如果出了差错我该如何自救。"

其次，预期收益（proposed benefits）应能覆盖风险损失。比如，一个成功的投资银行家会确保每一笔投资的上行潜力远超下行风险。如果他每一步都走在正确的轨道上，这笔投资就会给银行赚取比初期投入多很多倍的收益。即使投资完全失败，只要这位投资人谨慎行事，银行的损失仍然不会超过初期的投入。关键在于，要正确把握每一笔投资的赔率，并且只在上行潜力高于初期投入的情况下进行投资。

最后，能够预测出自己可以接受的最坏结果是什么，标志着我们已经摸索到了决策的风险因素。我们需要时常问自己：最坏的结果可能是什么？是否能够承受它？能够回答这两个问题会极大地降低做决策的难度。

商学院教授学生运用图表和数学概率计算，用以探索各种行动方案的结果的各种可能性。虽然我怀疑在工作中使用这些方法的管理者只占10%左右，但尽可能探索每种结果的可能性是最合理的做法。如今，计算机可以为探索每种结果的可能性提供极大的数据帮助，但计算机永远不能替你做出决定。

一个人可以通过近期目标预言以后的变化，

那些变化虽还未萌芽，却已在悄悄孕育。

——威廉·莎士比亚《亨利四世》(Henry IV)

我们经常要面对各种预估的可能性，因此最终结果取决于我们做这种判断时的熟练程度。即使我们仍对这些预估存疑，也需要尽可能地找出全部有效信息。

有效决策者

这类人不会匆忙做决定，除非确信自己对所有情况都了如指掌。正如每一个理性、老练的成年人一样，这些人已经学会留意苏格拉底所说的"守护神"——内心的声音，内心深处有个地方在小声地说着"当心"。

对于一个有效的决策者来说，某件事是对的，但是它很困难、令人厌恶或害怕，这并不会影响他们去执行。然而，如果他们感到不安、忐忑、烦恼，并且完全不知道是为什么，那他们就会有那么一瞬间的犹豫。"事情不明朗的时候，我总会先停下来。"我认识的一位决策大师这样评价自己的做事方式。

决策时十之八九的犹豫不安都是因为非常小的细节，但一般到最后，我们会突然意识到自己忽略了问题中最重要的事实，犯了一个低级错误，从而导致判断完全失误……

但有效决策者不会等太久，只会等上几天。如果"内心的声音"到那时仍未示警，他们就会迅速展开行动。

一个老板雇用公司的高管，不是让他们做自己喜欢的事，而是让他们做正确的事——首先就是要在具体任务中做出有效的决策。

——彼得·德鲁克《有效的管理者》
（The Effective Executive）

如果我们需要寻找新的选择，创造性思维应该是首选。此时，我们需要暂停判断，以免内心的理性评判把每个新诞生的想法全盘否定。

切斯特·巴纳德在担任新泽西贝尔电话公司总裁期间写了一本颇有影响的书——《经理人的职能》（The Functions of the Executive）。他总结道：决策的诀窍在于不要关注不相干的其他决定，不要过早决定，不要做无效决定，也不要越权做决定。

本章要点

相比 alternative（供替代的选择），option（选择）的状态更适合我们做决策。前者从字面意思上看是指二选一，后者是多选一。缺乏经验的决策者往往会过于迅速地让自己走到二选一的境地。他们没有花足够多的时间和精力去准备至少三种可能性供自己选择。

我们需要开阔视野，考虑更多的可能性，这就是创造性思维发挥作用的地方。但我们也要发挥判断能力，重点锁定可行性强的选项。

考虑选项时，放弃一个选项往往比采纳一个更容易。换句话说，我们通常更善于了解自己不想做什么，而不是自己想做什么。

评估选项时，要不断问自己是否忽略了一些可行的行动方案，因为"灯下黑"会让我们忽略一些可能性。

经常查验设定好的假设，越清晰越好。因为我们越了解，就越容易评估这些假设对某种情况的适用性。

一般来说，如果我们积累了足够的信息量，那么就不需要刻意做出有意识的决定了，因为想法会自行出现的。如果到了这种地步，这个选项就可以一心一意地执行下去了。

第三章 Chapter·03
经验：让决策变得更可靠

> 经验在勤勉里诞生,在时间中成长。
>
> ——威廉·莎士比亚《维洛那二绅士》
>
> (Two Gentlemen of Verona)

准确地说,经验(experience)和判断(judgment)这两个概念密切相关,但绝不能混为一谈。

正如法国哲学家蒙田所说:"做判断可以不需要知识,但知识不能没有判断。"判断力若没有增长,经验不过是一堆杂事而已。然而,从广义上来讲的知识——通过经验、学习、教导而积累的熟悉度或理解——是培养良好判断力的温床。英籍美裔作家亨利·詹姆斯描述道:从已知中窥见未知,追溯事物的本质,窥一斑而知全豹,通过感受生活的全部从而掌握生活,等等——这些都是经验的组成部分。

通俗历史作家——不是专业的历史学家——有时会把第一次世界大战中的西线英国步兵称为"驴率领的狮

群"。这种说法源于一位法国将军对19世纪中期克里米亚战争中的英军较为中肯的评价。

驴是不会从经验中吸取教训的。莫里斯·德·萨克斯元帅是18世纪最出色的欧洲名将之一，他有一头驴，这头驴驮着他的随身行李参加过20场战斗，比很多士兵的参战经验都丰富，但那又怎么样呢？后来"萨克斯元帅的驴"成了一句尽人皆知的俗语，用来比喻拥有长期战争经验但仍未精通军事判断的将军。

一般来说，一个人因长期专注于某个特定领域而获得丰富的经验，确实意味着这个人在该领域里拥有出众的能力。我们对资深船长、专业的外科医生或教授的期望远远高于对刚入行者的期望。换句话说，我们往往会假设——通常也是正确的——随着时间的推移，丰富的经验会提升他们的判断能力。

这里的决定性因素其实很简单：判断力是可以累积的。当我们做出一个具体判断之后，就会有意识或无意识地接收到一些反馈，这些信息会为未来的决策提供支撑，从而让我们做出趋向更好的选择。

正如著名英国哲学家乔治·爱德华·摩尔在《伦理学原理》(*Principia Ethica*)中所写的一样:"我认为我们都处于一个奇怪的境地:我们确实知道很多事……但不知道我们如何得知这些事的。"我们能知道一双新鞋是否合脚,而补鞋匠知道一双好鞋需要什么样的材料和设计。补鞋匠了解技术知识,我们具备隐性知识。如何运用判断,属于隐性知识。

让直觉来帮助决策

经验是反思后的产物。通过总结、提炼经验，判断就会逐渐成为一种自发的意识——该做什么，不该做什么。我们通常只知道什么是有用的，以及何时该做、如何去做。总之，判断是长时间有意识地遵循理性判断和决定程序的潜意识产物，这一点我在前两章里已经提到了。

如同我们所了解的，当需要判断的情况存在极大的不确定性，事实不易查明，尤其是时间有限并且无法迅速做出正确决策时，最需要根据经验做出判断。

所有这些问题构成了我们所说的危机情境。在关键时刻，不仅做决定的时间很短，而且情况紧急，需要尽快得到一个答案。对许多领域而言，这种情况是对专业技能及判断的极大考验。

哈德逊河奇迹

2009年1月15日，美国航空公司1549航班从纽约拉瓜迪亚机场起飞后不久就遭遇一群加拿大雁，雁群的撞击导致这架A320空客飞机的两个引擎失灵。

机长切斯利·萨伦伯格以其了不起的判断能力和专业技能做出了将受损的飞机降落在哈德逊河的决定。迫降后，飞机完整地漂浮在河上，机上150名乘客和5名机组人员全部获救。事后，萨伦伯格谦虚地对媒体说："我们可以这样看待这个事件经历。42年以来，我一直在经验和培训这家'银行'里定期存款，到了1月15日这一天，我从充足的'余额'中取出了一大笔钱。"

切斯利·萨伦伯格这个"在经验和培训这家'银行'里定期存款"的比喻，很好地说明了良好果决的判断力在一个人的思想中是以累积的方式形成的。虽说从事军事、医疗、警察、救援服务等职业的人受过应对紧急情况的专业训练，但商界或政界人士同样需要学习如何累积经验，从而能够快速做出正确的判断。

有用的直觉

酒店业巨头康拉德·希尔顿（1887—1979）曾经试图购买芝加哥的一家旧旅馆，旅馆老板承诺价高者得之。在竞价截止前的几天，他匆匆给出了16.5万美元的报价。可那天晚上睡觉前他隐隐感到不安，第二天早上醒来产生了一个预感——他的出价不够高。"我感觉不对。"他后来写道，"另一个价格不断在我的脑海里出现，那就是18万美元。这个价格才能令对方满意，而且那家旅馆看起来也值得。我凭直觉把报价改成了18万美元。开标后，第二高的报价和我的报价只差1000美元。"

希尔顿很幸运，他仍有时间改变已经做出的决定，也没有认为"做了决定之后再改变主意是一种缺乏个性的表现"。在我们彻底决定之后确实再难更改结果，但在最终落锤之前并不是如此。俗话说得好："智者通权达变，愚者刚愎自用。"

在商业中如何判断

> 第一部分 ※ 重新定义：判断的五个维度

　　有意识地总结经验，我们可以将有目的的"下意识"变成一种强大的工具。我们还应该培养一种特殊的内在敏感性，以便接收微妙的信号。思维就像一片被风拂过的叶子，在不知不觉中晃动。它告诉我们有东西在动。正如康拉德·希尔顿所说："我知道，当我遇到问题时，我已经竭尽所能去面对和解决了，但我仍然在等待自己内心的声音，直到灵感迸发，触摸到正确的答案。"

　　加拿大出版业巨头罗伊·汤姆森在自传《在我六十岁之后》(*After I was Sixty*)中对"下意识"在商业决策中发挥的作用有一段感悟。他分析了促使其在大多数同龄人退休很久之后仍能成功取得卓越商业成就的动力和技能。

我需要现在问问自己，是什么让我在67岁的年纪，仍如此自信、坚定、大胆地走上了经商之路的？这在一定程度上要归功于我很长一段时间的摸索，而不只是最近几年先后在爱丁堡和伦敦的工作经历。对任何企业而言，经验都是一个重要的影响因素，在这方面我极为富有。说得再具体一点，想要做好管理，经验至关重要；想要精通一件事，就要大量进行练习。一个人越能意识到决策的必要性，决策水平就会越高。

回顾我的职业历程，在工作初期，我经常会在决策时犯错误。但后来我发现，早年间犯的错误和正确决策其实对我启示最大。后来，我在伦敦遇到的大多数问题，或多或少都受到了以前经验的启发。这就像在小数点后面无论加几个零，实际数字都是不变的。在很多情况下，我很快就能给出答案。

我无法用科学解释这一点，但我完全相信：多年以来，我的大脑就像计算机一样存储了各种具体问题的信息、做出的决策以及决策的结果。所有的东西都整齐地放在我的大脑里，以备将来使用。

后来，当新问题产生时，我会仔细思考。如果答案不是显而易见的，我会把这个问题"放飞"一会儿，让它在大脑中来回地"跑"，从而找到记忆中的经验。等到第二天早上，我再重新思考这个问题的时候，通常马上就会想到解决办法了。

决策方案似乎是无意识得出的，但我确信，当我无意识地寻求方法时，下意识也一直在反复思考，在我的记忆中搜寻有用的信息。根据以往的情况，"下意识"会很快找到克服困难的方法。我很确定，其他经验丰富的人的下意识也经常发挥着作用。

有人可能会说，"下意识"会让一切变得很容易。当然不是！这家能让我在后来几年受益颇丰的"经验银行"可不是那么容易就能建成的！

思考就是工作。在一个人职业生涯的初期，这项工作堪称艰苦卓绝。当选择难以做出，问题难以解决，一看就决定放弃思考时，这简直太容易了！我们随便把问题抛诸脑后，轻易断定它们无法解决，只能等着有人来帮忙了；或者做事时草草了结，习惯于举棋不定的犹豫状态。我们越是这样，就越想不清楚问题，从而得不出正确的结论。

作为一名成功人士，如果我有什么值得传授的经验，那就是——一个人要想成功，就必须彻底地思考，直到自己无法忍受为止。我们必须在脑海里反复琢磨需要思考的问题，尽量做到没有遗漏。这是绝对辛苦的，而且现实中很少有人愿意做这项艰巨而劳心的工作。

但我可以保证：尽管这项工作在开始阶段很辛苦，我们也被迫要承受这些，可后来就会发现它其实也没那么难，因为大脑已变得训练有素了，甚至能如我所安排的那样下意识地去思考。我们无须再像开始阶段那样对自己可怜的大脑施加过多的压力，磨砺已经成为历史。我们的大脑在遇到问题的时候能够立即做出决定，即便它处在休息状态中。只有遇到罕见和极复杂的问题时，我们才需要长时间动脑思考。

大脑在我们看不见的地方做了些什么呢？那当然就是分析、综合和评估。下意识地分析就好比胃的工作方式。胃里有强大的酶，用于将食物溶解并分解成更简单的化合物，从而使食物容易被消化和吸收，这用来类比思考似乎特别贴切。著名心理学家梅西曾写道："食物需要被消化和吸收，知识也是。我们需要巩固所学的知识，因此在大脑中也有一个分析和再合成的过程，也就是思想的新陈代谢。相对地，我们很少需要保留原始知识，而是需要将知识重组，按照个人需求进行整合。"

至于评估，我们同样不可能准确地预测将会发生什么，但我们清楚地知道，价值取向存在于我们内心深处，除非我们采取行动或不得不做出二选一的选择后才会显现。

理性地说，我们或许相信决策应该以价值取向为基础（这相当正确）。然而，在通常情况下，我们总会先做出决定，再根据该决定确定价值取向。

还有一个相关的现象，即决策行为本身在某种程度上具有价值——"因为我选择史密斯担任分公司的经理，所以他必须表现很好。"我建议你应该留心这种倾向！

培养自己的商业天赋

诺贝尔生理学与医学奖得主艾德里安说:"回顾自己过去的科学事业,它并没有显露出什么伟大的创意,而是体现了我一定程度的职业本能。正是这种本能,引领我选择了一条有利可图的路线。"

本能、天赋和直觉,意思其实都差不多。一个人如果在某一领域始终懂得运用洞察力本能,就会被称为"有天赋"。他们可以"嗅到"一个好的前景或者真理的方向,他们凭借直觉摸索前进,而不是事事按部就班。事实上,"天赋(flair)"来自法语"flairer",意思就是"嗅、闻"。

20世纪60年代世界首富、美国著名石油商人约翰·保罗·盖蒂是这样评论自己的商业决策的。

当我的团队第一次开始在俄克拉荷马州的土地上钻探时，专家们一致判断说在红层区不可能有石油。在这个判断的过程中，我选择把客观分析性思维和主观想法结合起来，认定这个地区应该是埋着石油的。这很大程度上是我的直觉，我决定去尝试一下。我要求团队开始在红层区钻探，结果真的发现了石油，然后我由此投产了一个巨大的新油田。我推测，之所以我可以成为石油等领域的大赢家，就是凭借这种非教科书式的思维过程，并愿意承担因此带来的风险。

商业天赋贯穿于许多伟大实业家和商人的一生。他们凭直觉就能发现赚钱的机会，"嗅到"潜在的利润，而其他人只能看见眼前的得失。这种本能并不是那些按部就班引导人们前进的合乎逻辑的理性指令。

这种商业天赋，加上愿意在投入资本时承担风险，便是造就一名成功企业家的前提。企业家当然可以是个体经营者，但成功的企业家多半会创立自己的公司或组织，此时，他们正在扮演的就是领导者的角色，承担着一个企业的责任和风险。然而，尽管企业家通常在产品开发创新和商业贸易中直觉敏锐，他们对人的判断力可能也不过尔尔，因为大自然很少把所有的天赋都赐予一个人。

大多数人也许没那么幸运，能和杰出的务实思想家们一起密切合作，但我们仍能从对周围同事的观察和思考中学习到很多。有很多值得观察的人，比如上司主管、同行和团队成员等。不要忽略不是领导的那群人，他们可能比我们接受了更多的教育专业培训，为何不从他们身上学习呢？

学习正确判断的最好方法，是给具备良好判断力的领导者当学徒。美国著名企业家艾尔弗雷德·斯隆曾经和通用汽车创始人威廉·杜兰特一起合作。他回忆说："在我看来，杜兰特的行动完全是依靠'灵光一闪'和直觉，他几乎不用调查事实。"斯隆几乎可以说是当时最伟大的职业经理人，他通过对杜兰特的观察得出了这个正确的结论——商业判断的最后一步通常依赖直觉。

顺便说一句，因为只有自己才能教会自己判断的技巧，所以我建议想要积累经验的人把暂时得出的结论、有用的事例、原理、新想法、格言等都记下来。在阅读相关主题的书籍或文章时做笔记，想想自己在三年后将养成什么样的心理习惯,把它们记下来。大约每隔一个月就仔细查看写下的内容,回顾一下在这个过程中自己学到了什么。好记性不如烂笔头。而且,不要忘记勤于思考——这是应该长久坚持的事。

"我永远、永远不会忘记,"国王继续说道,"那一刻的恐怖!"

"若不把它记下来,"女王说,"你会忘掉的!"

——刘易斯·卡罗尔《爱丽丝魔镜之旅》

(*Through the Looking Glass*)

直觉也并非万无一失

直觉是"立即理解某件事就该如此"的能力。没有推理的过程,没有一步一步地演绎或归纳,没有对情况的有意识地分析,没有想象力的运用,只有敏锐的洞察力——"我就是知道"。

在莎士比亚的《维洛那二绅士》(*Two Gentlemen of Verona*)第一幕第二场中,朱莉娅的侍女露西塔说:"没有别的原因,只是女人的直觉。我认为他是这样的人,因为我感觉他是这样的人。"几个世纪以来,女性一直以第六感准确而闻名,男性则一直被认为逻辑能力更强。真的如此吗?

你的直觉能力如何

直觉是一种意识。当推理或逻辑认为事情有问题或不可能做到的时候，直觉就会出来帮忙解决问题。你有这样的意识吗？

评判别人的时候，你是否倾向于依赖第一印象？这些印象通常都正确吗？

你是否经常用感觉去做决定或解决问题？

有时你是否觉得很难向别人解释你的直觉？

当直觉错了时，事后想想为什么会出现这样的结果？

论直觉

除了可以直接看到命题之间的关系，并将它们与其所代表的意义联系起来的思维方式以外，我们也有一种能够对人的性格及形势需求产生共鸣的直觉。就像我们理解的，把它作为一个整体来了解和判断，不必强求解释原理……直觉是对未知独一无二的创造性理解。

——多萝西·艾默特

"有时直觉仅仅表现为焦虑。"直觉和情绪在大脑功能上关系密切，事实上，它们很可能密切到共用脑神经的程度。恐惧、焦虑等负面情绪能以直觉的形式表现出来。例如，一名紧张的乘客直觉上认为他们飞往巴黎的航班注定要坠毁，因此换乘了其他航班。

身体情况如何影响判断

这意味着依赖直觉的思考者在身体上和情绪上都必须要健康——现实中许多高效思考者便是如此。只要得过一场严重的流感，我们就会明白它会如何影响情绪：我们可能变得易怒，更加沮丧；生病时的关注点转移到了自己的肚子上；突然感觉生活很糟糕；时常觉得自己就要死了。然而，有很多政治家和军事家是在身体虚弱或精神疲惫时做出决定的。

精神或身体的压力和疲劳，肯定会影响直觉思考者对现实情况的理解。登山运动员都知道，在精疲力竭的状态下做决定，决定的质量会急剧下降。如果整个人的状态是疲惫的，就只能是坚持用逻辑思考去判断现实情况，不要对直觉抱太大的期望。

情绪压力、身体疾病和身体的疲劳会对一个依赖直觉的人产生巨大的影响。阿道夫·希特勒就是典型的案例。希特勒基于战略直觉，决定穿越阿登高地的茂密森林入侵法国。这与对手甚至其总参谋部更具逻辑性的思维方式形成鲜明的对比。但到了1945年，战争带来的精神影响使他的身体状况变得很差，他出现了诸如手指颤抖、面部抽搐之类的压力症状。因为他不喜欢坏消息，周围的人就帮他过滤，坏消息就被粉饰为好消息。渐渐地，希特勒失去了与现实的联系，越来越沉浸在自己的世界里。受到压力、情绪和误导性信息的干扰，希特勒的直觉变得没有价值且极其危险。

直觉并非总是可靠

妻子注意到丈夫的工作习惯产生了细微的变化：他开始在办公室待更多的时间或者去出差，他似乎对她没什么兴趣了，他看起来老是在走神。直觉告诉这位妻子，她的丈夫有了外遇。她开始寻找确凿的证据，甚至考虑雇用私人侦探。

正如我们所见，直觉是在证据不足的情况下知道或相信自己已经知道的一种方式。大脑下意识地整合了大量数据——有些是通过我们的感官无意识得到的信息——从而形成了突然或逐渐浮出意识层面的直觉。

运用直觉的一个重要原则就是要对那些较早出现的直觉进行最严格的、最持久的检验。较晚出现的直觉，通常是得到大量信息、拥有长期经验并且深思熟虑之后的结果，因此更有可能是准确的。而较早出现的直觉多半是一种仓促下结论的行为，很容易被潜伏在我们内心的恐惧和焦虑所影响。

那么，这位女性的丈夫真的出轨了吗？并没有！当她最后直接去质问丈夫时，他解释说他一直被工作上遇到的重大挑战所困扰，而且他还突然得到了一个升职机会，可能需要从英国搬去非洲。丈夫焦虑不安，不知道怎样对自己的妻子开口，因为丈夫知道她的母亲因患痴呆症而住在疗养院，她也非常担忧最近中风的父亲。

有些管理者往往不愿意承认直觉的能力并运用它，他们认为直觉在某种程度上不够科学。对理性的崇拜牢牢地占据着这些人的思想，但这完全是无稽之谈。有些闻名世界的科学家也一直在研究中运用直觉，阿尔伯特·爱因斯坦在这一点上颇有见解："我能够发现这些基本定律是没有绝对依靠逻辑的方法的。关键时刻只有直觉最有用,因为它能感知表象背后的规则。"

所以,要鼓励自己的直觉,要更有意识地去感受,去聆听。当我们面临困境时,它有可能会是一个出色的向导。

我们的大脑确实是宇宙的奇迹,但也隐藏着最深的秘密。因此,我们永远也无法确定是什么构成了判断的艺术。正如美国总统约翰·肯尼迪所言:"对旁观者来说,最终决策的本质仍然是无法理解的——实际上对决策者本人来说往往也是如此……决策过程中总有一些未知和困惑,那些与决策密切相关的人也很难全部理解。"

本章要点

意识的功能——分析、综合和评估——也可以发生在更深的下意识层面。

下意识包含大部分记忆,是价值取向生成和创造性整合的"车间"。

工作初期的一系列决定和结果会被录入大脑。当不知如何是好时,可以留给下意识去解决问题。原则上,经过一段时间对某个问题的周密调查和思考后,应该换个问题思考或休息一段时间。

在职业生涯的各个阶段中,我们都必须为有意识地思考所需要竭尽全力的程度做好准备。在任何事情初期时就认真积累,我们便会收获不同凡响的下意识经验,并从中受益。

每个人的心灵深处都住着良知，这种能力大有裨益。当我们受到诱惑想偏离正道时，它就会拍拍我们的肩膀，让我们保持清醒。

直觉是立即理解某件事情就该如此的一种能力，它的发生不依靠任何有意识的推理。

莎士比亚曾经说过："年少轻狂之时，我的判断力还很幼稚。"时间和人生是我们的老师，判断会在经验的荫庇下成长。

大量证据表明，有效决策者确实遵从了自己的直觉。那些违背内心想法的人可能会发现他们最后徒劳无功，努力错了方向。

实施思考这个行为是整个人完成的，而不仅仅是大脑。情绪剧烈起伏时，直觉可能不可靠。同样，疲劳或压力大等身体状态不佳也会干扰大脑的自然运作。

本能、天赋和直觉极为相似。天赋是在某一领域内的一种本能的判断力，它可以让我们嗅到机会或成功的方向。

经验是判断的温床。在最理想的情况下，直觉起作用是因为通过感官而不是意识来处理进入大脑的信息，所以下意识会进行一些非正式的分析、综合和评估，从而在意识层面开出直觉这朵花。

经过一段较长时间才产生的直觉更可靠。对于很早就出现的直觉，要花点时间去检验。

……

在一个社会里，

有一种晦暗难懂的工艺

会团结不和谐的因素，

将它们凝聚到一起。

——威廉·华兹华斯《序曲》(The Prelude)

第四章 Chapter·04
真理：判断自己该做什么

去寻找真理——它总会告诉我们，该做什么，不该做什么，以及要停止做什么。

三个世纪以前，72岁的圣约翰骑士团首领瓦莱塔曾被土耳其大军围困在马耳他。听说没有救援脱困的希望后，他在御前会议上宣读了这份急件："我们现在知道了，不能指望别人来解救我们！我们能依靠的只有上天和我们自己的剑。但这不是我们沮丧的理由。相反，知道自己的真实处境总比被似是而非的希望欺骗要好。"

可以说，真理本身就是一种价值，但价值判断并不从属于大脑的分析综合能力。我们可以分析事实，但无法从事实中直接得到价值，或者说，我们无法从"是什么"中了解到"应当做什么"。真理本身可以说是简单的、难以定义的、不可分析的和非自然的，但我们仍然可以凭借内心深处的快乐和愉悦认定某些事物或人最具有真善美。

对真善美等价值的真实性进行抽象思考是哲学家的工作。务实笃行的领导者采取行动的时候会假设真理存在，也就是说，他们假设可以观察、寻找、发现和接受真理，而真理也是开放的和无穷的。如同古罗马哲学家塞内卡所说："真理面向所有人开放，但其面目并未全部显现。"

德国哲学家汉斯·怀亨格所著《似乎的哲学》(The Philosophy of As If)为这种行为提供了理性依据。在这本书中，怀亨格深入探讨了他称之为"不能代表现实但可以当作能代表现实的概念"，"这样做会带来实际的结果"。他举了科学中的例子。在科学的殿堂里，关乎真理的"可能"假设引领了一个又一个发现。科学即追求真理，是一种深层次的人类活动。弗朗西斯·培根说过："探究真理即向它求欢求爱，认识真理即与它同处，而相信真理即享受它，这乃是人性中至高无上的善。"

真理是诚实

第一部分 ※ 重新定义：判断的五个维度

最好的商业领导者，必定极为看重真理。像指挥"马耳他之围"的瓦莱塔一样，他们总会持续寻求了解自身不断变化的真实处境。在坦然面对现状方面，没有比著名商人罗伊·汤姆森更优秀的商业领导者榜样了。曾与他共事过的一名高管说道："他最显著的品质是天生习惯讲实话。实话的力量非常强大，尤其是在至暗时刻，使他能够在别人沉浸于幻想之时尽快了解真相。他总能面对现实，相信自己面对现实才能做得更好。"

讲实话对人际关系来说有一个不可估量的好处，它远远超过了看清现实所需要的全部精神努力——表达有时必不可少。原因就在于，人类处理事务时有一条黄金法则：真话赢得信任。信任是所有人际关系的基础，无论是职业关系还是私人关系。

就此而言，特里·莱希堪称当代的罗伊·汤姆森。在23岁那年，他进入特易购工作，之后担任该公司首位营销总监，最后成为首席执行官。特里改变了特易购的命运，使其成为英国最大的零售商，在全球拥有超50万名员工。特里在《十词管理》(*Management in Ten Words*)一书中总结了自己毕生的经验，他告诉管理者应如何通过遵循10项简单原则来取得非凡的成就，这其中排在首位的就是真理原则。

若要我从这10个词中选出最重要的词，我会选择真理。找到问题起因的真相，不要隐瞒；诚实地回答"创建这个组织有什么目的"；忠于自己和周围的人。求真理、讲真话不仅在道德上是基准，更是成功管理的基石。通常管理者为之服务的人——客户，才是真理的源头。倾听并向他们学习，听从他们的建议，无论这些建议实施起来多么困难，这样成功的可能性才会更大。就这么简单。

不要害怕面对真实

▲ 第一部分 ※ 重新定义：判断的五个维度

在第二次世界大战期间，德国纳粹政府试图让宣传成为一种新的战争武器，但英国政府的信息部发现，如果人们认为他们是在为一个更美好的未来而战，那么有关战争的新闻报道就必须体现出这一点。换句话说，相关报道必须从根本上让人看出反纳粹政府与纳粹政府的不同。

对英国信息部相关情报文件的研究显示，当时的人一直坚持如下观点："我们想要真相，即使它很残酷；我们想要合理平等地对待，不要对我们居高临下，不要把我们当小孩；我们需要知道自己的处境，这样才会感觉到真正的安全。"听到呼声之后，信息部迅速采取了相应的行动。

那些商界高层不仅仅是因为时代变得动荡复杂，才不愿意寻求真相，不想勇敢地面对自身的现实处境。古希腊历史学家修昔底德这样评论误判的盛行以及可能带来的可怕后果："少有人愿意费心去追求真理，大家都欣然接受眼前的一切。"

第四章 ※ 真理：判断自己该做什么

本章要点

第一部分 ※ 重新定义：判断的五个维度

　　了解真相——现实处境或实际情况——一直是有效决策的必要条件，但这并不是一件容易的事。事实上，我们在某些情况下很难接受真实的情况，但真相总比虚假要好，无论前者多么令人失望，后者多么令人欣慰。

　　古罗马政治家西塞罗说过："但愿我能像揭露谎言一样发现真理。"谬误总比真理更容易获知，因此，真理就像金子一样，并不能轻易获得，需要经过大浪淘沙般的寻找。

　　真理就是现实的意义。有一句阿拉伯谚语说："真理是人类的盐。"因为真理赢得信任，而在一切持久的人际关系中，信任确实是必不可少的调味剂和防腐剂。

　　谁也不知道何为真理，但正如帕斯卡所说："真理存在于我们的观念之中，它可以战胜一切质疑。"实施计划时，假设真理存在且可以被探索和描绘，这是科学研究背后的一个重要支撑。

在优秀的商业领导者看来，真相不只是所谓的事实准确性。虽然反映现实非常重要，但真实的人或事还代表着信赖、可靠和坦率。

我们必须要学会主动地面对真相。特里·莱希认为"挖掘真相是拥有良性管理的基础"。他补充说："有勇气为真相行动，能让管理者蜕变为领导者。在充满挑战的时代，我们比以往任何时候都需要这种勇气。"

每一个行业都有一些以历经时间考验的真理为核心的原则。温斯顿·丘吉尔给出的建议是"寻求广泛且普遍的观点，在商业事件中坚定而急切地寻求占主导地位的真理"。

若我们知道自己身处何方，将要去向何方，
就能更好地判断自己该做什么，如何去做。

——亚伯拉罕·林肯

第五章　清晰的思维：看透事情的本质

Chapter · 05

清晰的思维不一定能捕获真理，但捕获真理一定不能没有清晰的思维。

"清晰"就是要去除视野里的所有障碍。在物理语境中，这些障碍包括云、雾、霾、污浊、昏暗和混沌。从比喻意义上来说，"清晰"意味着行事明确，而非混乱、怀疑或含糊、暧昧。清晰的含义很容易理解：它既不晦涩，也不模糊。

另外，作为寻求真理的必要条件，清晰不应与精确混淆。我们要清晰地认识一个概念——比如友谊——但无须精确地去定义它。正如亚里士多德所说："在每件事情上只追求其本性所允许的精确度，是一个人受过教育的标志，也是他文化程度的证明。"

清晰的思维是一种通过长期练习而获得的技能。我认为这种练习应该从家庭教育和基础教育开始，等到大学才开始就太迟了。

我们如何从对一件事的一无所知到了如指掌，过程往往难以察究。一位科学家曾经对我说："我不断地研究这个问题，直到最初的微光慢慢变成明亮的日光。"

每个思维单元都有两极，即一开始困惑、不安、糊里糊涂，到后来变得明朗、统一、迎刃而解。

这种积极的等待，以及开放、准备就绪的注意力所需要的时间，是留给下意识发挥作用的。当我们看到一个问题时，要相信自己大脑中的经验记忆。这通常是你在上学时首先要学到的东西。

有一种无须过度想方设法，也不用费大力气去理解拉丁文或希腊文的意思，就可以让我们更多地发现几何中的错误问题，这就是积极地等待。在写作时，放弃所有我们想到的不适当的词，再等一等，灵感会把正确的词送到我们的笔端。

所有几何问题里的谬误、所有著述里的拙劣表述和思想的错误连接，这些问题的出现都是由于思想过于匆忙地抓住了一些想法付诸实施，从而过早地拒绝了真理。原因始终在于，我们太过积极，我们太想探寻。

——西蒙娜·韦伊《等待上帝》(Waiting for God)

不要刻意合理化思维

"理性"通常意味着我们需要为某些做法、行动、观点或信念给出正当的理由——无论是对自己还是对别人，一般适用于个体场合。比如，一位父亲质问儿子不听话的原因，一个人为自己的喜好给出恰当的理由。

我们常在解释或辩护中说明动机、原因、诱惑时运用"理性"的思考和表达。

谨防合理化

人是理性的存在，因此我们常常试图合理化一切，即为自己的行为或态度给出解释，或下意识地接受一种貌似有理但其实是似是而非的解释。

美国政治家本杰明·富兰克林概括了这一倾向："做

一个理性的人是多么方便啊，因为这能让人为自己想做的每件事找到或创造一个理由。"

在英语中，"依据（ground）"常被用来代替"理由（reason）"，因为这个词也暗示了解释或辩护的意图。然而，若只是强调证据、数据、事实或逻辑推理而非动机或原因，"依据"这个词是可以用的。因此，信仰的理由可以解释人们因为什么相信，但信仰的依据只能证明其正确性。"依据"也意味着这件事拥有更牢固的支撑，因此比"理由"更为中肯和客观一些。人们可能会谈到一些无关紧要或捏造的"理由"，但一般不会论及"依据"。

虽说"论证（argument）"源于拉丁语"arguere（澄清）"，但其强调的是说服别人，或使其他人同意某个观点或立场的意图。它是指使用证据或推理提出并陈述一个观点以支持自己的论点，但通常不指离开事实的推理，比方说情感诉求。因此，"论证"只是交换观点而已，尤其是令人愤怒或激动的观点。

适当地深思熟虑

莎士比亚在《哈姆雷特》中写道:"真正的伟大不是轻举妄动(Rightly to be great is not to stir without great argument)。"显然,他在这里使用的是"argument"的本意,即把事实弄清楚。莎士比亚所谓的"论证",是指针对不同做法的正反方理由展开的一场高质量的辩论。

最初是希腊人创造了"论证"的概念。修昔底德假借雅典著名政治家伯里克利之口说:在我们看来,行动的最大障碍不是讨论,而是在行动之前缺乏通过讨论可以获得的信息。因为我们在行动之前具备一种特殊的思考能力,而其他人却因无知而无畏,又因思考而犹疑。

固执己见的国王薛西斯

波斯帝国的国王薛西斯一世奉行独裁统治。在其父亲远征希腊失败后，他召集贵族和将军商量再次远征的事宜。事实上，他早就下定决心要远征希腊了。

在朝会上，大臣们纷纷称赞他的判断，明显是在阿谀奉承，只有他的叔叔阿塔纳布斯——一位富有经验的将军——敢于当面说出真相："陛下，没有不同的意见就代表其实没有什么选择，因为您下命令的话，军队就必须为此付诸行动。但如果大臣提出了不同的意见，就需要衡量不同选择的好坏。这就好比我们在分辨纯金时不能光盯着这块金子本身，而要把它和别的金子相互摩擦才能看得出来。"

不出所料，薛西斯转过头去假装没听见。

在对希腊的战争中，薛西斯的波斯大军借助船桥越过达达尼尔海峡，开始时打赢了几场小仗，但后来在海上和陆地都遭遇了惨败。

薛西斯呢？最后他被杀身亡。

渴望认清自身的理性之人通常能做出好的论证。他们了解局部但不了解整体，或者未被完全说服，所以他们想多听听别人的观点，原则上愿意接受这些观点并且为之做出改变，只要新的观点更具条理性且有足够的证据支持。他们愿意考虑所有可能性，或采纳任何的行动提议，只要支持这种意见或提议的论证是理性的，并且符合相同判断的结果。

将目标具体化

这个示例旨在区分"目标（purpose、aims、objectives 代表不同目标的大小）"和"步骤（steps）"，及其之间的关系。

如图5.1所示，从上往下，是从宏观和抽象到细节和具体，能够回答"怎么做"才代表我们到达了思考的最后一步。这就是"宏观目标（purpose）"，即做一件事的大目标和最终方向。但要怎样做才能实现我们设定的大目标呢？那就得首先达成一些"阶段方向（aims）"或"奋斗目标（goals）"，即具体明确的小目标。

请注意，阶段方向实际上只是将宏观目标分解，就像光被折射成七彩的颜色。下一级目标同样如此。确定一个阶段方向，要怎么做才能实现呢？答案是完成这些具体目标。确定一个具体目标，我们要如何去完成？答案是采取这些行动步骤。那么今天就开始行动吗？是的，其中肯定有一个步骤需要我们现在就执行起来！

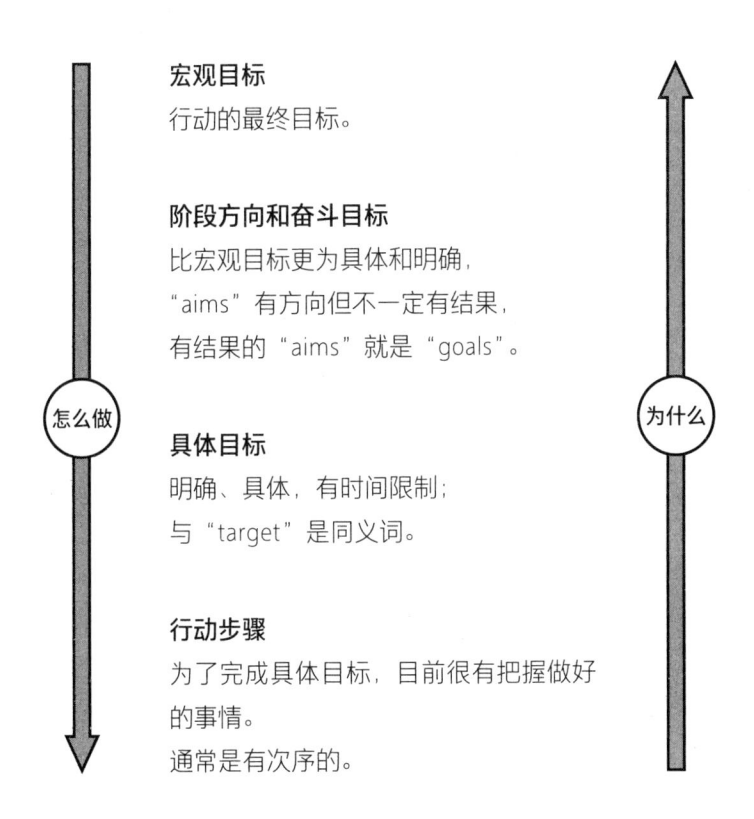

怎么做 ↓

宏观目标
行动的最终目标。

阶段方向和奋斗目标
比宏观目标更为具体和明确，
"aims"有方向但不一定有结果，
有结果的"aims"就是"goals"。

具体目标
明确、具体，有时间限制；
与"target"是同义词。

行动步骤
为了完成具体目标，目前很有把握做好的事情。
通常是有次序的。

为什么 ↑

图 5.1　目标分解

图表从下往上，我们是在回答"为什么"的问题。为什么要执行这个步骤？是为了达成某个具体目标。为什么要达成这个具体目标？是为了通向那个阶段方向和奋斗目标。为什么要通向那个阶段性目标？是为了达成最终的宏观目标。

在实施的过程中，我们应首先关注宏观目标和阶段方向，次要关注具体的奋斗目标。这样做有三个潜在的好处。

灵活性

最明显的好处是更为灵活。如果先从宏观的角度考虑问题，遇到事情时更便于随时改变计划。相反，如果我们像洲际导弹一样锁定阶段性目标而看不到全局，就更有可能会被击落，然后全军覆没。

在变革的时代，为了给自己留下最大的余地——在可允许范围内的自由或变动——我们的宏观目标必须制定得更加宽泛，要把视野放大。

方向感

宏观目标，尤其是分解成更具体的目标，有助于培养很好的整体方向感。它就像天上的北极星，也许永远无法抵达，但却能指引我们前往目的地的方向。

再打个比方，目标应该像磁铁，能吸引我们去往某个方向。或许会走错航线，但只要多留心，就能回到正确的航线上。塞内加写道："计划失败是因为没有目标。船不知道该驶向哪个港口时，吹什么风都是枉然。"

衡量进步

有时我们可能想看看自己有没有进步。如果目标明确且细节足够，衡量成败就相对容易一些。比方说，目标是当总统，这样的目标太大，且不关注过程，很可能会失败。相反，如果我们一直把目光放在过程中，就会发现自己并不是只有一个成功或失败的结果，而只是间歇性地获得成功或遭遇失败。实际上，间歇性可能象征着进步，但这并非是绝对全面的衡量工具。我们需要做出的判断，应该是去衡量我们更看重的东西，而不是用量化的方法轻易评判的结果。

法国著名画家克劳德·莫奈曾宣称他的人生目标就是每天驱散我们周围的迷雾。"雾气"包围着我们，让我们看不清前路，有时还会形成干扰，侵扰我们的工作和生活。但我们可以用清晰的思维来抵抗它，这样的思维就像一把不断磨砺的剑，尽管大部分时间不露锋芒，但随时准备着出鞘。

▲ 第一部分 ※ 重新定义：判断的五个维度

本章要点

　　只要我们有足够的耐心等待渣滓或杂质沉到水底，一些问题就会变得清晰起来。冷静和耐心可以培养有目的的下意识。

　　如果思维方式需要深刻思考到无法用语言表达的程度，很可能既不实用也不能在紧急关头发挥奇效。那些宣称以这类方式得出结论的人，通常只是在逃避努力。

　　清晰的表达和清晰的思维是互补的，两者都没有捷径可走。

　　在行动之前和别人说理，把事情弄清楚，这非常重要。讨论如同一把剪刀，剪一剪问题的灯芯，真理的光芒会更亮。

　　所有的事都有理由，但并非所有的人都能讲出道理来。在辩论中，能言善辩的人总会占据更多的优势。但对真正的智者来说，他们在和表达困难的人谈话时，也能够感觉到其想要阐述的观点。

作为领导者，要有能力发起和引领讨论，以便做出明智而全面的决定。也请记住，在影响其职业生涯的决策中，其他人的参与度越高，执行决策的决心就越强。

真理通常都是朴实无华的。

从一天美好的工作中找到幸福，
从照亮我们周围的迷雾中获取快乐。

Part Two
第二部分
修炼：成为精明的决策者

第六章 Chapter·06

选择自己喜欢的职业

神明说:"认识你自己。"

——尤文纳尔《讽刺诗》(*Satires*)

　　判断和爱一样,教育都始于家庭。我们需要在选择同事和伴侣时运用到它。在做出这些个人选择的过程中——有时还要历经艰难困苦,我们可以学到许多有关正确判断的本质和实践的知识。

如何理解职业

在现代英语中，职业一词有多种表示，vocation、occupation、career、profession、trade 等，均指我们为谋生而从事的工作。其中，"vocation"起源于拉丁语"vocare"，意为"呼叫（call）"。

"call"在古希伯来语和现代英语里意思相同，都是指大声召唤某人。请注意，在所有传说曾受到召唤的古代先知中，从无一人拒绝。

这是一种创造性行为。因此，思考职业的最佳方式，就是从创造的角度去考虑"我是谁"，或者"我是什么"。

我们都是个体化的人。我们存在男性和女性的区别，这一点确实与人类进化的表亲——猿有共同之处。作为个体的每个人也具有极大的独特性，与别的人完全不同。同时，作为人类，我们又没什么不一样，超越了性别、年龄、肤色、种族和信仰而言。

正是因为个人的创造性，我们会发现自己可能更加适合某一种工作。

职业的原则

"我们也不必感到惊讶。"我回答道，"因为在你说话的时候，我突然想到，首先，我们生来就完全不同。我们的天赋不同，适合的工作也就不同。"

"确实如此。"

"那我们是锻炼一种技能更好，还是锻炼多种技能更好？"

"坚持锻炼一种技能。"他说。

"还有一点，对于任何工作来说，错过适当的行动时机都是致命的。"

"这是当然的！"

"工人必须是满足工作要求的专业人员，他不能等到有空的时候才去工作。"

"是的。"

"因此，当一个人专门从事他天生适合的一项工作，同时放弃其他工作时，更容易收获数量和质量。"

"的确如此。"

——柏拉图《理想国》（*The Republic*）

多样化法则，即我们都是不同的，这也就意味着有些人在很小的时候就可能知道自己要干什么。比如，经典儿童读物《雪人》（*The Snowman*）的作者雷蒙德·布里格斯五六岁时就知道自己想当一名漫画家。也有些人要花很长时间才能发现自己想要从事的职业，还有些人则一辈子也搞不清楚。

选择适合并热爱的职业方向

对许多人来说，在被迫做出决定时的最大问题，就是我们并不了解自己或世界，从而无法做出准确且明智的决定。但这并不新鲜，早在18世纪，塞缪尔·约翰逊博士就说道："职业选择是我们在这世界上最重要的事情之一，但却需要在没有经过论证推理的情况下做决定。人类生活中的全部信息并没有像我们想象中的那样广为人知。"

这里有三个需要注意的关键问题

我有什么兴趣？

兴趣是一种人们对某件事予以特别关注的感觉状态。长期的兴趣，也就是我们天生喜欢的东西，会让我们更容易获取知识和技能。

我有什么资质?

资质是人与生俱来的能力,由性格决定。资质可能天赋过人,也可能仅高于平均水平。

我的性情有哪些相关因素?

性情是一个重要因素。例如,有些人难以在巨大压力和极度危险的情况下做出决定,而有些人却能在这种环境下茁壮成长。

兴趣

没有快乐,就没有利益。简言之,学习你最喜欢的东西。

——威廉·莎士比亚《驯悍记》

(*The Taming of the Shrew*)

兴趣是一种天赋。此外,它还是我们寻找到职业方向的重要指引。

兴趣是一种人对某件事予以特别关注的感觉状态。例如,我们可能对古钱币、军事史或芭蕾舞感兴趣,却不一定会在大脑里给它们贴上"兴趣"的标签,甚至意识不到它们的存在，但这些感觉会吸引我们超越自己，看向外面的世界。

兴趣属于才能（talent）这种观点并不常见。"talent"一词源于希腊语"talanton"，指的是称量贵金属的天平，而天性或兴趣就像天平的倾斜。我们的思想，或者如莎士比亚所说"你最喜欢的东西"总会往一个方向倾斜，好像受到磁力的吸引一样。因此，我认为兴趣可以被归类为一种才能。

天资

天资是我们与生俱来的能力，由性格决定。具体来说，天资是指我们学习或获得某种技能的能力。例如，在音乐、语言和数学方面资质很差的人，并不意味着这个人不能在洗澡时唱歌，不能在法国说法语，或者不能自己做账。但是，这些事情不应该在这个人的职业生涯中占据太多的精力和时间。

天资和技能可以进行有效区分。技能是指某种形式的知识，以及在实践中高效、顺畅地使用这种知识的能力。这种可以胜任做某件事的学习能力只能在某一段时间内得到提升。

天资可以分为很多类，有机械的、语言的、艺术的……这些分类方式不存在孰优孰劣，但并不是所有的天资都能用如此简单的方式进行分类或归类。如果我们拥有某方面的天资，显然意味着离成功更近，因为我们可以顺势而为，不需要逆风而行。

性格

我想把它称为人格（personality），但人格还应包括天资和兴趣，所以我要把性格这个因素区分得更清楚一点儿。我们大多数人都喜欢看到自己美好的一面，这种欲望会蒙蔽我们的双眼，使我们看不到自身真实的性格，对自己做一些错误的判断。因此，我们有时会投身于一些在事后看起来与自身性格不合的职业。

显然，性格是我们自身不可分割的一部分，也是最难改变的一部分。根据自己的性格选择职业是最好的，这是一个常识性原则，但不是说我们就不用试着掌控那些看上去不太有用的部分！因为说到性格，一切表述全都和倾向有关。形容一个人性格懒惰，只是表明他/她有懒惰的倾向；性格急躁或好斗，并不意味着这个人总在发脾气或攻击别人。因此，我们应该谨慎地使用性格作为借口去做一件事或不做一件事。英国作家多萝西·塞耶丝的儿子告诉母亲，他和妻子暂时分居了，并将此归咎于自己性格暴躁。她回复了一封长信，责备儿子说："我了解性格的一切。我们总用这个词形容自己的自负、坏脾气和坏习惯，但实际上，我们只是在用这个词逃避努力控制自己这件事……我希望有一天你会告诉我，你已经和我深切同情的珍妮和好了。"

关于性格和职业，我们应该问自己的一些问题

喜欢合作还是独立工作？

愿意领导一个团队还是接受指示？

性格内向还是外向，或介于两者之间？

自己是否非常谨慎、厌恶风险？

能否在充满压力的环境中工作？

能否在最后期限的压力下工作？

了解你的人最常用哪五个词形容你的性格？

喜欢在户外工作还是在室内工作？

是否喜欢重复性的工作或例行的管理工作？

多样性和挑战性有多重要？

晋升到更高的职位重要吗？

是否天性好胜？

目前从事的工作（如果有的话）在哪些方面与性格不合？

不是说我们必须要把这三个因素了解得一清二楚，因为这是个大命题，关于如何认识自己可以单独写成一本书。我们需要知道的是获得与工作相关的自我认知，而这通常始于一个人开始探索环境的幼年时期。

人类天生是社会性动物，我们观察和评论别人，也接受别人的观察和评论。这种模式开始在正式或非正式（比如学校报告）的反馈中形成，一部分经常出现的思想逐渐融合。我们会发现自己擅长什么，不擅长什么；最喜欢什么，不太喜欢什么。我们与生俱来的天资、兴趣和性格慢慢显现，并随着时间的推移不断得到检验和修正。

确定可行性方案

对自身的天资、兴趣和性格，以及他人主动或被动给出的评价有一个实际的认识非常有用,因为下一步要做出选择。

首先我们需要开阔思维,考虑所有的可能性。这也是创造性思维发挥作用的地方。其次,我们必须运用判断能力以确定可行性方案。可行性方案是指能被完成、执行或实现的方案。如果一个方案是可行的,就具备了行得通的可能性,并确保它可以达到我们心中原定的目标。

就职业而言,可行性方案是指我们现在或不久的将来能够在年龄和任职资格方面达到要求的方案。同样重要的是,这些职业还有可能激发出新的兴趣,发挥我们的天赋,以至于我们可能也很希望在这方面取得成功。我没在第一时间提到升职,因为升职是一个更为独立的问题。相反,如果你性格要强、野心勃勃,那就需要考虑升职的问题了。

列出可行性方案之后,下一步就是去掉那些没什么吸引力的选项。

缩减可行性方案

著名哲学家卡尔·波普尔指出,在科学上几乎不能证实任何事情，但可以证伪，职业选择也是如此。从职业目标的角度看，确定一份职业不适合或不可能成功要比找到合适的更加容易。

如何完成这个淘汰的过程呢？我们需要收集更多的信息。以下是收集信息的一些方法。

运用想象

摒弃过于乐观的态度，想象自己正身处向往的职业或行业的工作环境之中。显然，我们对该职业了解越多，这种自我投射就越现实。谨防想要成为某个人物——比如政治家——却不想从事相关的工作。思考完之后，我们对这份工作还有兴趣吗？

询问前辈

非正式地访问一些从事该种工作的人，通常对我们会有所启发。如果可能的话，去他们的工作场所看看。但请记住，要选择那些热爱自身工作的职业人士来了解。比起其他人，在了解的过程中我们会发现，他们对工作实际情况的反映更加真实，他们可以清楚地讲述困难和问题所在。了解过后问自己，他们是我想要成为的那种人吗？我对他们提到的内容感到反感吗？

亲自尝试

有时过街天桥看起来很危险，我们不用亲自走上去检验就可以得到这个结论。但在职场，如果时间和条件允许，我们仍应该去亲自感受，试着积累一些工作经验，看看是什么感觉，再判断自己是否合适。正如古老的军事谚语所说："花在侦察上的时间是不会白费的。"

经过一系列的筛查和检验，现在只剩下两三个可行性方案了。由于某种职业原因，我们已经可以淘汰那些没什么价值的选项，却很难在剩下的选项里做出选择。这时该怎么办呢？

诀窍是不断积累和收集有关这几个有价值备选选项的信息，把它们放在天平的两端，慢慢地，我们就会发现其中一端在倾斜。如果我们有耐心等待，这个决定会自己朝我们走来。这就好像我们朝着一个方向走，边望着前方边对自己说："我做好决定了。"

若真的难以抉择，那就再等等吧——让下意识发挥作用。

有个年轻人曾就两个他必须做出的决定来咨询我：他应该从事某一职业吗？他应该娶某个姑娘吗？他的困惑，或者说他的处境使我想起了他这个年纪的自己。他刚刚获得心理学博士学位，我也是在这个年纪获得了博士学位，我是弗洛伊德的学生。

一天晚上，我在弗洛伊德每天都会散步的维也纳环城大街遇到了这位伟人，并陪他一起走回家。他像往常一样，友好地问我有什么打算，于是我把遇到的问题告诉了他，我的问题与这个年轻人的问题很相似。当然，我当时希望弗洛伊德先生能给我建议或解答我的疑惑。

"我只能告诉你我个人的经验。"他说，"做一个不太重要的决定时，我总认为考虑所有利弊是对的。但对于重要的问题，比如伴侣或职业的选择，决定应是出于下意识，出于我们的内心。我认为，面对个人生活中的重要决定，我们应该受到内心深处的天性支配。"

弗洛伊德先生没有告诉我应该怎么做，而是帮助我做出了属于我自己的决定。职业如同婚姻，其选择是命运的问题。我们应该欢迎命运，欣然接受命运带来和带走的一切。35年前的那个晚上，我决定成为一名心理分析学家。

无论好坏,我都愿意和这个职业终生为伴。

——西奥多·赖克《用第三只耳朵倾听》

（Listening with the Third Ear）

父母、亲戚、朋友、老师、上级这些离得很近又很了解我们的人,可能会对我们的人生抱有强烈的看法。先听听他们怎么说,即使是那些荒诞不经的建议,先不要急着去抗拒,因为他们至少了解一部分的我们和这个世界。但我们仍然需要独自回答这个关于职业的问题:"我这辈子要做什么?"

压力会累积,周围会出现反对的声音,这时就要保持冷静和理智,坚定地跟随自己内心的方向前进。

记住,职场人士面对困难时要百折不回。我们注定会在某个阶段遇到挫折,尽管最大的障碍往往来自我们周围的人。然而,正是工作使我们踏上了人生新的冒险之旅,这趟旅程不能错过。

从试错到磨炼和提高

试错是指通过尝试一种或多种方法,发现并排除错误或失败的过程，从中找出最佳方法以达到预期的结果。宽泛一点说，试错就是指试试这个，再试试那个，直到找到方法并取得成功。

在寻找职业的过程中，我们没办法离开经验的指导——实际上一直在边实践边检验，没有什么职业是纸上谈兵。本章旨在确保我们不会在不适合的领域花费太多的时间，根据我的经验，很多人都容易犯这样的错误！运用这些方法，我们应能做出明智的选择。但这并不意味着每个选择都完全适合自己，但至少与适合有关。请记住，这只是一个假设。理想中的职业很可能就在那个方向，但也要试过才可以确定。

采用这种试验性的方法，即使已经做出决定并开始执行，只要方向错了，下意识也会很快提醒我们。

不要轻易放弃。所有职业在早期阶段都很容易令人气馁。如果我们感到一份职业不适合自己，保持冷静和礼貌，但要坚决与其"分手"以减少损失。这不是失败，这只是排除了一种可能。

在托马斯·爱迪生成功发明电灯泡之前，有个报社记者问他："你失败了那么多次，为什么还坚持花这么多的时间和金钱来研究？"爱迪生回答说："年轻人，你没有看懂这个世界是如何运转的！我没有失败。我成功地发现了100多种行不通的方法。这让我离真正的目标又近了100多步！"

  人是否注定会遭受挫折？不一定。我们要重新审视现状，了解一下自己可能从事的职业。这些可能性或许不会立刻出现，但也许会在一段时间之后显露出来。有时候，职业人士似乎能用一种创造性和革新的方式改变他们的现状，尽管这些现状不是他们自己选择的，也远远称不上一帆风顺或前途无量。

如何遇到灵魂伴侣

亚里士多德曾将人类两种独特的自然活动定义为建造城市和结合。大多数人对寻找配偶通常都有一种天生的使命感。要和一个特定的人——我们所谓对的那个人结婚，这样的结果一般来得较晚，往往要经过很多次的试错。

和某个人结婚是一个决定。所有决定的背后都有一个判断的过程，无论这个过程是长是短，是有意识的还是下意识的。和其他故事的展开一样，寻找配偶通常也包括开头、中间和结尾。

开头

两个人相遇，在一定程度上相互吸引、感兴趣和引发关注。"我想再见到这个人吗"，两人都回答"是"，那么故事就可以继续了。

中间

音乐剧《国王与我》(*The King and I*)里的一首歌对这一时期的想法做了总结："了解你，了解你的一切……"

因为别人如果不了解我，我也很难说了解他们，这是一个相互认识的过程。

这个时期可能会以某种形式的考验结束。比如一起去度假，可能会让两个人进入下一阶段，也有可能终结于此。

结尾

最后一个阶段是彼此要在一起，并决定共度一生。

第一章里被定义为"有目的地思考"的过程与这个简单的三段式故事框架之间存在着相似性。

英语文学中对这三个阶段的经典描述可以在简·奥斯汀的小说中找到，尤其是《傲慢与偏见》(*Pride and Prejudice*)。尽管它们是虚构的，且是从女性的角度讲述，但作为研究人所在处境的个案，听上去依然真实可信。它们触动的也不仅仅是英国文学的读者，因为法国作家安东尼·德·圣·埃克苏佩里说过："真理是通用的语言。"

我们只会按顺序一个接一个地遇到可能的人生伴侣，这是我们都面临的一大难题。尽管有人真的对某人没感觉，但觉得自己可能随着年龄的增长将失去大部分机会，而和现在这位没有感觉的人继续交往并与之结婚。在现实生活里，简·奥斯汀只被求过一次婚，求婚者很富有但缺乏魅力。最初她接受了，但考虑了一晚后，第二天，奥斯汀告诉求婚者说自己不能嫁给他。她后来也没有选择与其他人结婚，于1817年去世，终年43岁。

奥斯汀的小说同样以了解人这个难题为核心。一个人的长相和个性在第一次见面时就会显现，但品格却不能被一眼看穿，只能随着时间的推移逐渐露出本质。我们想要了解对方的内心，需要花时间待在一起，最好共同经历各种复杂的情况。

从词根上看，"understand（理解）"意为"站在……的中间"。它表示的了解，是针对这样一些人：他们悄悄来到我们身边，但我们并没有察觉，只是和他们在一起，或待在他们中间，一起同甘共苦，但这需要时间。

正如简·奥斯汀的小说所写，理性思考或合理判断并不是浪漫爱情的敌人，它只是揭示了婚姻基础的牢固程度。判断错了会造成痛苦；判断对了则如亚历山大·蒲柏所言（从男性的角度来看）：

其他一切都是命运带来的，
妻子则是上天赐予的特殊礼物。

大多数文化只允许男性向女性求婚，仿佛男性才是做选择的一方。但现实通常并不是这样，选择是相互的。C.S.刘易斯将这种选择比作落在窗户上的两滴雨水，一边向下流，一边相互靠近，直到汇合成一滴。

玛格丽特·加内是第二次世界大战期间英国皇家女子空军的一名年轻军官。她遭受丧亲之痛后悲痛欲绝，但当她遇到并开始了解一名飞行员、英国皇家空军中队长、优异飞行十字勋章获得者乔治·普什曼之后，一切都变了。在《我们都是飞行员》(*We All Wore Blue*)这本书里，她写到了他向她求婚的那一刻，回想起她是多么惊讶地听见自己毫不犹豫、心甘情愿地说"我愿意"。她说道："过去那些让我畏缩不前的疑虑、自省和不安仿佛都消失了，仿佛我生命中的一切都是为了此刻的天作之合。"

这种心意相通的感觉并非人人都有，但这样的相爱——开始、中间和结尾——正是我们心中所求。爱与被爱是我们的最高需求。

竭尽全力去执行计划

> 第二部分 ※ 修炼：成为精明的决策者

投入程度是决定人生重大判断成功与否的重要因素。一心一意地执行不完美的计划，要比三心二意地执行完美的计划收获更多。判断就是要心无旁骛、毫不犹豫。

公元前49年，尤利乌斯·凯撒大帝高呼"破釜沉舟吧"，越过山南高卢和罗马领土的分界线卢比孔河，下定决心为追求至高无上的权力牺牲一切。"破釜沉舟"成了这种决策行为的隐喻。但为了不鲁莽行事，我们必须在此之前做出谨慎的判断。

顺便说一句，在重大问题上，知道是否需要及何时破釜沉舟并不容易。很多人也许有过这样的经历：说要戒烟或节食，结果却发现自己一直不停吸烟或吃以前不会吃的食物！在《公主与哥布林》(*The Princess and the Goblin*)

一书中，乔治·麦克唐纳描写了这段经历："他想起来开始穿衣服，但沮丧地发现自己仍然躺在床上。'现在我要起床了！'他说，'立刻马上！我现在就起床！'然而他又一次发现自己还赖在床上。他试了20次，结果20次都失败了：因为他实际上没醒，只是在做梦而已。"

有时候，只有当我们真正越过卢比孔河——所谓不成功便成仁，若干年后反思自己的人生时才知道，那20次梦幻般的错误开始和第21次的区别到底是什么。人生转折点清晰可见，因为我们总会反复回想当时的场景。

事后看来，似乎当时那个难以捉摸的充分条件现在已经得到满足，下定的决心得到了回应，决定性的事情发生了，一切都不可能完全回到开始的状态。现在我们对人生有了目标，每个人都是这个世上的独一无二的个体，并且在前行的路上我们对自己的价值和命运有了新的认识。W.H.默里在《珠穆朗玛峰探险记》（*Mount Everest Expedition*）中写道：

"一个人一旦下定决心，就会当机立断；畏缩不前，只会一事无成。所有主动（和创造）的行为，都遵循一个基本真理：世上无难事，只怕有心人。忽视这个真理，就会扼杀无数奇思妙想和雄心壮志。有风方起浪，事出必有因。这一决定引发了一连串的结果，带来了各种意想不到的事件、会谈和物质援助，这是谁也没有想到的。歌德说：'无论你能做什么，或者梦想做什么，着手开始吧。大胆就是天赋、能量和魔力的代名词。'"

瑞典外交家哈马舍尔德

瑞典首相亚尔马·哈马舍尔德之子达格·哈马舍尔德出生于1905年，曾担任联合国第二任秘书长。1961年9月18日，哈马舍尔德前往刚果调解停火，途中飞机失事殉难，享年56岁。

其私人日志和诗歌由W.H.奥登翻译，并以《标记》(*Markings*) 为书名出版。通过这本书，我们可以清楚地看到：无私的奉献精神贯穿了他的一生。他写道：

我不知道是谁提出了这个问题，
我不知道是什么时候提出的问题，我甚至不记得回答过这个问题。

但我确实在某个时刻对某个人或某件事说了"是"。
从那一刻起，我确信了存在的意义，
我那放任自流的人生也因此有了目标。

达格·哈马舍尔德的一生，无论是精神生活还是事业历程，都足以打破一种观念，即拥有一份好的职业就可以随心所欲。奉献的路上充满荆棘，需要攀登，可能还需要忍受孤独和自我牺牲。

你的选择正确吗

你是否对自己的资质、兴趣和性格有一个比较清晰客观的认识？

你是否清楚自己不适合哪些职业？

你能想到其他一些自己更愿意从事的职业、行业或领域吗？

目前的工作是否具备让你发挥创造力的空间？

你是否在规划职业方向的过程中留出了"考虑一晚上"的时间，以便你的下意识有机会做出贡献？

你认为你的能力符合自身角色或职能的要求吗？

你是否认为自己会长期投入现在的职业或工作中？

多年以来，你对工作的热情是否经受住了考验并持久不变？

你是否有一种感觉，即你仿佛受到了工作的召唤，还通过工作将这种召唤传递给别人？

面对困难，你是否表现出了忍耐力和攻坚克难的能力？

马丁·路德·金说过："创造就是不断去做一些新的事情。"所有职业都或直接或间接地与创造力有关。即便是在传统或成熟的领域里，职业人士也会寻求新的做事方式。这些人是社会变革的推动者，我们把这种向好的改变称之为进步。

除了创造力，职业也与服务有关。"我从不规避我想成为有用的人这个想法。"列奥纳多·达·芬奇曾说，"在为别人服务方面，我觉得我做得不够——任何劳动都不足以使我感到疲倦。"但我们不必非得成为达·芬奇。查尔斯·狄更斯曾说："在这个世界上能为别人减轻负担的人都是有用的。"这也是解读工作、职业或行业的一种方式。

尽管工作很难被定义，但一个人一旦专注在工作中，就很容易被看出来这个人正处于工作状态中。诗人W.H.奥登给出了一个简单的检验方法：

你不需要关注别人在做什么，
或者了解他的职业是什么。
你只需要看着他的眼睛：
在调酱汁的厨师，
在动手术的医生，
在填提单的文员，
都可以发现同样的专注神情，
他们在工作中忘记了自我。

本章要点

每个人的首要使命就是做自己。我们对待工作的方式应该是这一点的延伸。英国诗人杰拉德·曼利·霍普金斯在其《翠鸟与蜻蜓》(*Kingfishers and Dragonflies*)一诗中呼唤道:"我要做自己,我生来应该如此。"

在寻找职业的过程中接受早期犯的错误。这是试错过程中的一部分,学习总要费一番苦功!

走错了路立刻就回头是很不明智的行为。不要把这些错误的路线看作失败,而要把它们看作经验。总之,它们都可以成为经验的"肥料"。

制订和实施计划一定要明确步骤,而不是随性而为。但请记住,平衡好持久性和灵活性是首要任务。

好伴侣如同好战友一样,拥有默契配合的伴侣才是兼顾工作和家庭的前提。

在寻找合适职业的过程中要培养创造性服务他人的意识。不仅对工作如此，对家庭和社会也应如此。

遇到一份职业后问问自己：这份职业面向少数人还是多数人？要做到干一行爱一行，机遇总会出现。这也许需要一些创造性思维，但奖赏就在前方等着我们。踏实下来，不要着急。

无论我们怎样去筹划，
结局总归还由上天安排。

——威廉·莎士比亚《哈姆雷特》(*Hamlet*)

第七章 成为团队的决策者

Chapter · 07

收割者就该磨快镰刀。

我们的第一份职业是工程师、士兵、医生、护士、教师或水管工等，那第二份职业可能就是当这些职业者的领导。

当我们在专业、职业或行业方面累积足够多的经验时，可能就会在某个时刻被选为团队领导或负责人。请记住，因为富有相关经验而占据领导者岗位的人成千上万，但他们并不是实际上的领导者。在企业中有无数人占据了这样的岗位，却并没有真正发挥领导作用。

每个人都可以被任命（或选举）为部门领导或指挥官，但如果得不到那些一起工作的人的认可和信赖，就不是一名合格的领导者。这是领导的基本原则。

在本章中，我会就如何成为优秀的领导者给出一些参考。记住，就像我之前说的，要精益求精。

激发卓越的领导力

圣马丁学院乐团创始人兼首席指挥内维尔·马里纳曾在伦敦交响乐团演奏过。

我曾在伦敦交响乐团演奏,这个乐团一直被认为是伦敦第二好的乐团。不久,斯托科夫斯基[①]被说服到伦敦交响乐团工作。不到三天,他就成功地让我们相信自己是在为一个卓越的乐团演奏。这给了我们极大的信心,我们突然意识到我们可以在节日大厅的音乐会上完成一场卓越的表演,我们刚刚完成的一场表演就是如此,我们也可以像世上任何其他乐团一样感觉轻松自如。所有人突然在一场演出中获得了这样的信心,这对乐团来说是一个伟大的转折点。

从那一刻起,伦敦交响乐团开始了勇往直前、不同凡响的征程。斯托科夫斯基做了什么呢?他让乐团成员比以往担负起了更多的责任。他多多少少是在告诉所有成员:"这是你的乐团,你想要它变好,就得努力表演。我会尽

---

① 斯托科夫斯基:美籍波兰裔音乐家,世界顶尖指挥家,一生中培养了许多世界级一流的音乐人才。——译注

己所能，但你也要担起责任。"他拥有一种非凡的能力，可以让整个乐团凝心聚力。他的人格魅力很强。

　　与普遍观点相反，真正的领导者并非寻求追随者。他们更倾向于让大家觉得彼此是同一个企业中的工作伙伴。幸运的是，我们不缺少激发卓越、创造力的挑战。随着世界变革的加剧，各种挑战纷至沓来，足以让人应接不暇。因此，优秀的领导者和追求优秀的领导者永远不会失业。

　　美国诗人、散文家、记者华尔特·惠特曼说："事物的本质就是这样，在任何成功之后，总有必要去做更伟大的斗争。"

如何理解领导力

我们通常从领导者素质方面讨论或分析这个人的领导能力。其中一些素质，比如智慧、活力、主动性和热情，这样的素质很普遍。领导者往往（或应该）具备工作团队期望或需要的特殊素质，比如一名军事将领就应该具备勇气，这是军事将领的重要素质之一。

但领导能力不只是可分解为一系列领导者素质的普通人格和特质性格。正如我所说的，它还是一个角色，且这个角色是由团队或组织对领导者的期望所决定。研究这些期望，我们会发现其间存在两强磁极：领导者被期望能带领团队或组织完成全部的工作或任务，以及使所有成员团结一心、团队高效运行，这些期望就像铁屑被两极吸引。通过分析，我们可以看到，领导者就是那种具有适当的知识和技能,并带领团队勇于实现目标的人。

表7.1 领导者的功能

素质		功能价值
工作	主动性	这是一种常见素质。属于发起或开始行动的能力,能够快速促使团队尽快行动起来的能力
	毅力	耐力、韧性,在群体倾向于放弃或遇到挫折的情况下作用明显
团队	凝聚力	能够团结别人,挖掘团队中个人的作用,在工作中把各部门串联成一个整体,在团队中营造信任的氛围
	幽默	非常有利于缓解团队、个人或领导者自身的紧张情绪
个人	老练	这在行动中表现为对合适选项的敏锐洞察力,或对沟通对象的照顾体谅
	同情	个人在家庭和工作方面都可能遇到问题,领导者应同情这种痛苦并希望减轻它

这个概念与英语单词"lead(领导)"的最初意义关系很大。该词起源于古北欧语(荷兰语、德语、撒克逊语、挪威语、丹麦语、瑞士语)里的一个至今也没怎么改变含义的常见词"laed",这个词的意思是途径、道路、航线、旅程。领导者(leader)带领人们走上一段路程,指引他

们到达目的地。这意味着领导者要把人们团结在一起，维持某种秩序，并引领所有人走向正确的方向。普通的山地向导或船舶领航员不会这么做。

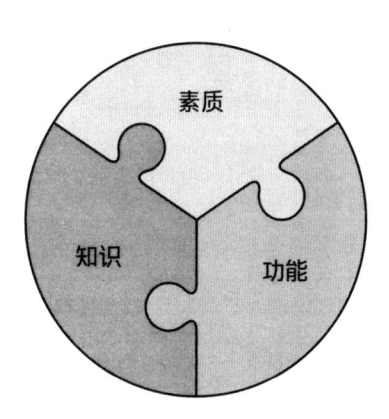

图7.1 成就领导者的三要素

需要注意的是领导的动机维度。我再强调一下，领导不是山地向导或船舶领航员的工作。领导者怎样使人们愿意踏上未知的旅程？不管是羊群还是士兵，原则上都是一样的：领导者在前面带领他们，他们心甘情愿地跟随。在古代苏美尔人的泥板上刻着这样一句谚语："士兵没有国王（领导者）就像羊群没有牧羊人。"

莎士比亚对这一原则有着清晰的理解。在《麦克白》

中，马尔科姆和麦克白领兵进行最后决战的前夕，马尔科姆提起麦克白时不无遗憾地说：

　　他的军队只是在接受号令而已，
　　而不是遵从自己的意愿。

▲ 第二部分　※　修炼：成为精明的决策者

领导的工作内容

领导者的核心实际上体现了三大功能,这些功能源自存在于所有领域和级别的工作团队的三个交互式的需求领域:完成共同任务、建设和维持团队、激励和发展个人。如图7.2所示。

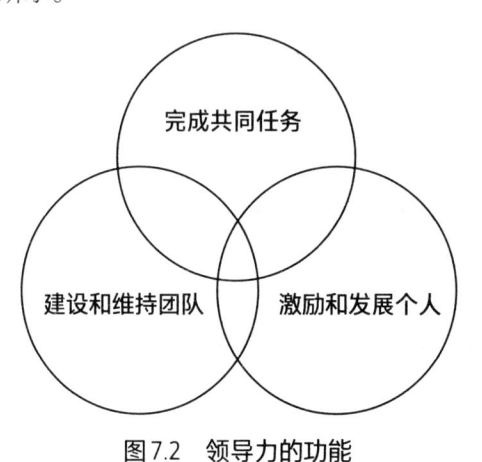

图7.2 领导力的功能

为了担负这三个领域中相互重合的角色责任，领导需要履行某些更加具体的职责。功能是指做什么，素质是指是什么以及知道什么，而技能则关系到是否可以很好地履行职责。以下列出的这些职责可供参考。

明确任务

大目标、小目标和具体目标分别是什么？为什么这项工作值得去做？

制订计划

计划能帮助领导弄清如何从现在的位置到达想去的地方。一个糟糕的计划可能会使团队或个人陷入灰心、失望的情绪中。

通报情况

和团队的每个环节进行沟通，向大家传达任务和计划。

把控全场

确保所有资源和能力得到合理利用。

支持配套

设立并维护组织和团队的价值观及标准。

交换信息

从团队中收集信息，并将外部信息传递给团队，全面重视领导的连接功能。

检验评估

建立并应用适合于该领域的成功标准。

将领导的工作分层

领导分为不同的层次。就组织而言,领导分为三个层次:

团队领导

带领10人至20人的团队完成指定的具体任务。

业务领导

负责组织的主要部门之一,手下不止有一名团队领导。业务领导可以说是领导的领导。

战略领导

负责整个组织,手下有很多业务领导。

战略 "strategy" 一词源于两个希腊词 "stratos" 和 "egy"。"stratos" 是指一大群人像军队一样驻扎在营地里,"egy" 的意思是首领、领导者。从 "egy" 一词衍生出的另一个英语单词是霸权"hegemony"。

团队能够成功的一个简单秘诀就是让高效的领导者担任这些角色并加强团结协作。这听上去很简单，但我并不是说在现今的生活压力下达到或维持这种状态很容易，而是说我们要怎么选择。

每个大层次还可以细分。各个层次也存在着大幅重合的情况。但上述不同仍有助于我们厘清组织的架构以及领导力发展的需要。然而，这三个层次有时也会粉饰成精心设计的等级制度（hierarchy）。"hierarchy"源于希腊语"hierus（神圣的）"，最初是指由教士或神职人员按次序或等级组成的统治团体，下一级必须服从上一级。希腊语"archos"是指凌驾于其他人之上的人，也就是领导者的统称。

战略领导

各种职业的巅峰，好比山顶，越往上越相似——基本原则几乎相同。只有顶峰以下才能相互比较出众多不同的细节。但是我们需要行万里路才能了解这一点。那些住在山上的人可都认为他们的山与众不同呢。

——沃尔特·白芝浩（英国记者、散文家、商人）

正如我上面提到的，领导的角色依据所有工作团队或组织里存在的三个交互式需求领域而演变。在战略层面，领导建立团队、发展团队成员以及完成任务的广泛职责可以进一步分解为七个普通职责：

为整个组织指明方向，

战略思考和战略规划，

付诸行动，

将各部门串连成一个整体，

建立关键的伙伴关系和其他社会关系，

发扬企业文化，

为组织的现在和未来挑选和培养领导者。

战略领导的不同，不在于分类，而在于面临问题的规模和复杂性。这类领导需要与之相适应的，也就是希腊人所说的"phronesis（实践智慧）"。

沙漏模型

我之前介绍过的职业转换沙漏模型更能说明领导力的层次。我建议组织中的一些人应遵循类似倒置漏斗的职业道路。他们首先要接受基础教育，然后要选择学文科还是学理科，最后再确定专业。这个过程在大学本科和研究生教育中有一定的重复或继续，其中尤以科学基础课程和职业课程为甚。等到大家都走上工作岗位，已经是或即将成为一名专业人员时，这个过程会再次重复或进一步细化。其中有些人在之后的职业生涯中会一直维持或发展成为专业人才。

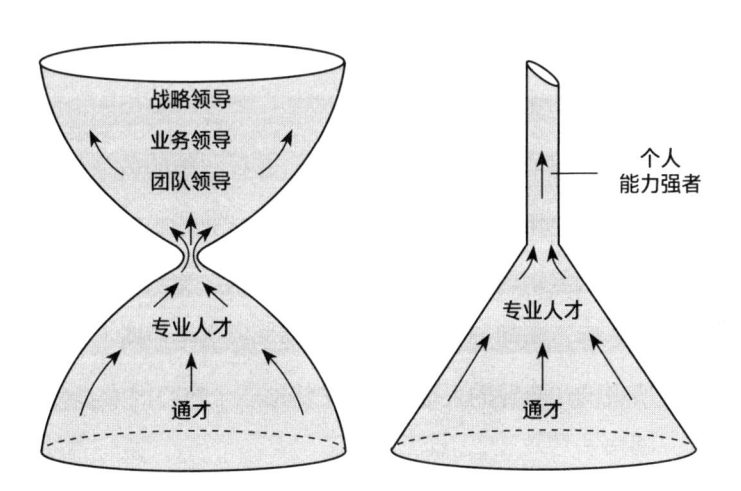

图7.4 职业转换沙漏模型

但对其他很多专业人才来说,他们的职业规划是进阶成为管理者。他们"通过人来达到结果"的潜力可能在很长一段时间里表现明显,也可能在组织的遴选过程中被首次发现。不管怎样,他们都想成为管理者或领导者。

在职业生涯中的某一阶段,这些想要成为领导者的人要穿过沙漏的细颈——细颈因人而异,可长可短,然后再次成为领导层面的通才。其专业人才身份对组织输出的贡献程度显然因领域而异,但他们的角色已经改变——新的通才领导者角色现在应该是他们的新身份。

要想从细颈中脱颖而出,最终晋升到战略领导的角色,需要两个拓展过程。

第一,他们需要学习商业课程,并在组织的多个业务领域中积累工作经验,以此加强对整个行业的了解,包括财务、市场营销以及工业生产和分销体系。

第二,不断理解和发扬社会心理学家道格拉斯·麦格雷戈所说的"企业的人性面"。这包括三个核心因素。

领导力

小群体领导——负责团队、个人或某一项任务,使决策具有持续性，遵循领导力发展的原则，了解不同层次的领导。

决策、解决问题和创造性思考

了解常规的决策程序，理解有效思考的要素，精进解决问题的技巧，思考如何创新创造，以及如何鼓励他人进行创新创造。

沟通

时刻谨记沟通的双向性，了解非语言交流的形式，熟练掌握说、听、写、读四项技能，掌握会谈技巧，支撑大型组织上下及横向的沟通联系。

这里还应增加一项：时间管理。时间管理的原则应该适用于所有人，无论是专业人员还是领导者。但是成为领导者以后，我们应该及时恰当地提醒员工注意这些原则和现有的技巧及经验法则。如果领导者不能高效管理自己的时间，也就无法管理任何事情或任何人。

战略思维

战略思维关系到组织中长期的未来，及其所有可能性、不确定性和复杂性。因此，作为一名战略领导者，需要冷静地思考和判断自己的主要责任，以确保组织朝着正确的方向前进。这听上去很简单，但并不容易做到。什么是正确的战略方向？如何确立并找到这个方向？为什么实施起来如此困难？

我们可以把问题分成两个部分：确定最佳战略，以及追求理想结果。尽管这两部分在现实中相互交缠，但将思考阶段与行动实施阶段分开是有意义的。

我认为区分这种战略思维和战略规划很有意义。战略思维考虑的是更长远和更重要的目标，无论情况如何变化（包括生活变化），以及可能或不可能实现这些目标的途径。只有当领导者确定这样一个或一系列目标，并选择最行得通的可行性路径时，公司的规划过程才能启动。战略思维尚未得出明确的结论就开始战略规划是不明智的。相信我，这种情况有时确实会发生。

"strategy（战略）"在古希腊语中是指前线总指挥的所有能力，包括领导、管理、与盟友合作，以及如何同敌人开战和使用什么战术。

重要性

首先要能区分重要、次要和不重要。重要战略会产生重大后果。它的价值明显且具有唯一性,无论前后关联是一般还是特殊。

长期

长期是多长时间?这要看情况。但战略性就意味着领导者要从长期视角考虑而不是短期视角。事实上,战略性思考就是用短期收益交换长期优势。

就军事领域而言,丘吉尔的参谋长及其在第二次世界大战期间的主要军事顾问、英国陆军原总司令艾伦·布鲁克将军认为战略的目标就是:

> ……在政治上确立目标;从这个目标衍生出一系列要完成的军事目标;根据其产生的军事需求,以及完成每个目标可能需要的先决条件评估这些目标;根据需求衡量现有和潜在的资源;在这一过程中制定出连贯的优先级模式和合理的行动方针。

杰弗里·维克斯在《判断的艺术》（*The Art of Judgment*）一书里提出了一个开创性的观点，即我们追求的一切目标都可以表达为关系的变化。例如，假设你是一位罗马将军，打败敌人就意味着敌人和你建立了一种新的关系——奴役。你掠夺的财富、征服的土地使你富可敌国，这会在很多方面直接或间接地改变你和他人的关系。名声也会改变你在罗马高级职位竞争中的相对竞争力。遇到疑问时，问问自己"我在这种情况下寻求与某事或某人建立什么样的最终联系"会有很大帮助。

这种将形势及所有复杂因素视为一个整体，能辨别其本质的通透眼光，就是日本人所说的"实事求是之心"。20世纪日本著名的商业领导者松下幸之助一生都在努力以实事求是为思考准则，其密友山口透写道：

"实事求是之心"，或者叫不受限的思维，不紧不慢，适应性强。它能使拥有者从先入之见中解脱出来，看清事物的本质。缺乏实事求是观念的管理者在决策时经常会受自身利益左右，势必会给企业带来失败。既然管理者和其他人一样，都抱有习惯和偏见，那么他们就必须培养实事求是的心态，以准确判断形势，带领企业走向成功。松下幸之助总说，培养实事求是的心态很重要，而且不容易，但他直到人生的最后几天仍在努力奉行这种工作态度。

选择合适的时机抢先变革

> 变革是领导的核心。抢先变革是创造性的领导。
>
> ——奥德威·狄德

组织或企业文化具有重要的战略意义，它一方面是目的本身，一方面是成功实现整体战略的手段。可以肯定的是，集体文化需要变革，因为文化要是一成不变，那离消亡就不远了。

然而，变革是一个非常宽泛的概念。它包含任何变化，不管这种变化影响事物的表面还是本质。它同样涵盖了原有身份的丧失，也就是用一样东西去取代另一样东西，或相当微小的改变。事实上，任何变化过程，无论是小的还是大的，是表面的还是本质的，是量上的还是质上的，都可以用变革来表示。

成为战略领导一段时间之后，领导者应该清楚地知道自己想做出哪些改变——在自己看来必要或可取的改变。若我们在商业组织中工作，这些改变也许包括生产和市场营销策略方面、平衡部门和整体的组织文化方面，以及组建顶尖的团队方面。但以一个新人的眼光来看，我们可能会感觉到应该进行更深层次的变革，变革我们做事情的方式，进而变革组织的思维方式。现在，我们已经站到了集体文化的边缘，那里可能有许多"禁止进入"的标志。

在反对改变的组织中，组织文化的变革就会极其缓慢。人人都在无声呐喊"我真的要改变吗"。当然，要是组织非变革不可，即便到了最后一刻，这种秋风扫落叶般的变革仍会有人埋怨。但若恐慌真的爆发，人们对变革的反应就会从"除非我死了"突然转变成"让我们一夜搞定"吧。

美国总统亚伯拉罕·林肯讲过一个故事：一只青蛙掉进了一条又深又泥泞的马车辙里。几天以后，它还待在里面。青蛙的朋友找到了它，劝它尽快摆脱困境。它做了一点点努力，但仍然陷在里面。

在接下来的几天里，它的朋友们不断鼓励它再努力努力，但最后全都失败了，它们只得自己回到池塘。

但有一天，它的朋友们看到青蛙在池塘边心满意足地晒太阳。

"你是怎么出来的？"它们问。

青蛙说："嗯，你们知道我毫无办法，可是一辆马车过来了，我才不得不出来。"

这只青蛙对于改变一拖再拖，最后遇到一个不得不改变的情况。原则上，组织变革的意愿越早，拥有的选择就越多。此时的变革不是被迫的，而是主动的，目标是确保自身优势，而不是躲开最坏的结果。

提前变革能让我们获得实实在在的优势。任何领域的多数组织都有一种从众的本能：它们紧紧靠在一起，只有在跟随或追赶时才会开始改变。在各自领域中处于领先地位的组织一马当先抢占变革的先机。所以，我们要掌控变革，把它带往预想的方向，不要等到变革扼住自己的喉咙，拖着我们漫无目标地前进。

在"青蛙跳出车辙"之前变革的必要性，以及在愿景和价值方面必要或可取的变革，应该成为组织内沟通的一个重大主题。

如何建立一个高效团队

鉴于上述复杂形势以及潜在的问题和挑战，我们要如何提高自己作为一名团队领导者的能力？答案很简单：在头脑中形成一个优秀团队的标准。这个标准就像自动驾驶仪，会指导我们说和做，直到达到这个标准为止。

各个层次的高效团队以及作为一个大团队运行的组织，其标志清晰可辨。"hallmark（标志）"一词源自伦敦金匠公司在金匠大厅检验金银制品并打上印章，其字面意思就是英国金银制品上用以证明其纯度的官方标志。那么，区分更优团队的标志是什么呢？以下可作为参考。我之所以说是参考，是因为我们需要随时根据情况进行增减。

清晰、可行且具有挑战性的目标

团队专注于目标任务——无论是团队还是个人，都能将这些任务分解为可行的小目标。每一个成员都知道自己期望的是什么。

目标共识

这不是指团队齐声背诵的任务内容！这里的目标是指能力加方向，即工程师所说的向量。它使整个团队充满活力和能量，每一个成员都能分享到团队成功的归属感和责任感。

充分利用资源

一个高效的团队对资源的分配是出于战略层面考虑的，旨在维护整体利益。整体利益不是组织内任何人的私有财产。资源不光包含金钱和物质，还包含人力及时间。

进度审查

优秀团队的特点是愿意检查自身的进度并做出改进。这些改进包括流程（我们如何一起工作）和任务（我们一起做些什么）。

积累经验

推卸责任的集体文化会破坏团队的合作。我们难免会犯错误，但为了避免犯错而什么都不做才是最大的错误！明智的团队会从失败中吸取教训，认识到成功也许教不了我们什么，但持续的成功可能会变得自大。

相互信任和支持

优秀团队的成员会彼此信赖，领导者会允许他们在共同任务中追求自身的价值，同时不吝表达认可和赞赏。成员发挥彼此的长处，弥补彼此的不足。

沟通

团队成员相互倾听，认可彼此的贡献。他们公开、自由、有技巧（清晰、简练、简单、巧妙）地沟通，不回避争论、问题和弱点。不同的意见会受到尊重。团队成员知道何时应给予支持、表达顺从，何时应提出挑战、表达强硬。

度过危机

在瞬息万变的时代，永远没有一帆风顺。当危机出现时，优秀的团队会迎接挑战，并展示其价值。一个优秀的团队一定是富有韧性的。

具备这八个标志（重要性不分先后）的团队，成员会更喜欢和彼此合作。他们像其他团队一样享有乐趣，但在一个优秀团队工作的经验是如此难得，以至于事后看来这种享受和乐趣会转化为持久的满足和感恩。

总之，做一个领导者从来都不是容易的，它需要我们全身心地投入。最迫切的行动也是最自由的行动。关于这一点，我的意思是你可以心无旁骛地扑在行动上。

领导者是桥

《马比诺吉昂》(*The Mabinogion*)是一本中世纪威尔士故事集，讲述了一位王子带领军队解救其妹妹的故事。逃兵们穿过一条河后摧毁了所有的桥梁。这位王子是一个巨人，他躺在河上使自己成为一座桥，让自己的士兵们过河。从这个故事里诞生了一句伟大的威尔士谚语：

谁想做领导，谁就当桥。

这也是南威尔士阿伯凡潘特拉斯小学的校训。这里曾发生过一场灾难：1966年，坍塌的废渣吞噬了这所学校，造成116名儿童和28名老师死亡。人们从这句谚语中获得启发，为该社区设计了一个由桥梁和燃烧的火炬组成的标识，象征着协作并向他人传递经验教训。在那些渴望成为领导的人看来，这句话聪明睿智、鼓舞人心而又谦虚谨慎。

本章要点

职业是领导力诞生的基石。因为职业人士往往具备成为领导者的首要条件，即具备在其领域中受人钦佩或尊敬的特征。他们没有信誉问题，也不缺乏热情。

职业人士是其领域内的创造性先锋，他们踏入的领域此前通常无人涉足。当他们在新开辟的道路上吸引追随者时，就会惊讶地发现自己已经成了领导者。

在企业或组织生活中，领导者需要让每个成员意识到，每个人都是企业的合作伙伴，这很重要。指明方向，以身作则，开展团队建设和团队合作，鼓励和启发他人，对领导者来说不可或缺。

实事求是的思考方式是开放的，足以让我们发现许多可能性；是谦逊的，足以让我们向每个人和每件事学习；

是敏锐的，足以让我们看到事情的真相；是睿智的，足以让我们判断事情的真正价值。

战略是最高领导者的通用艺术。登顶的路有许多条，但山顶的景色都是一样的。借用奥维德《古代名媛》（*Heroides*）里的话来说，战略领导者永远是"领导者的领导者"。

狭义的战略是指适合战略领导者及其各个方面责任的思维。它需要高于平均水平的判断力，因此无法像一门科学或一项技能那样进行传授，但有志于掌握它的人是可以学习的，就像学习任何艺术一样。

镇定自若是各层次领导者都应该具备的品质。它意味着在任何情况下都要保持冷静和沉着。"冷静"常和"沉着"搭配使用，表示面对困难时我们的精神应始终保持健康平稳。冷静强调安静地解决问题，没有歇斯底里的行动或言语；沉着强调运用适当的脑力或体力来解决问题。总之，就是要在喧嚣中保持理性解决问题的能力。

领导者的工作不是把卓越注入人类，

而是把它引发出来，因为卓越原本就在。

第八章 Chapter·08

进行有效的共享决策

> 若你和爱因斯坦在一起工作,他会让你意识到问题是共同的敌人。于是你成了他的战斗伙伴。
>
> ——巴内什·霍夫曼

　　任何领导者都必须时刻在心里问自己这样一个问题:"我应该在多大程度上与团队或组织里的其他成员共享我的决策?"如果仅仅将决策过程看作是不涉及他人的、领导者的智力练习,那这样的决策方法是不完整的。当然,共享决策将给管理者带来相当大的压力。希望所有人更多地参与到决策中来,这是世人的普遍诉求。尽管决策的问题不尽相同,但这意味着决策结果对那些相关人员的工作和生活是有影响的。在企业内,或在有目的的情况下,人们应该在多大程度上共享决策?

　　要想更有效地共享决策,首先要充分认识通用的选项范围。如图8.1所示,我要对这些选项做一些简要的说明。

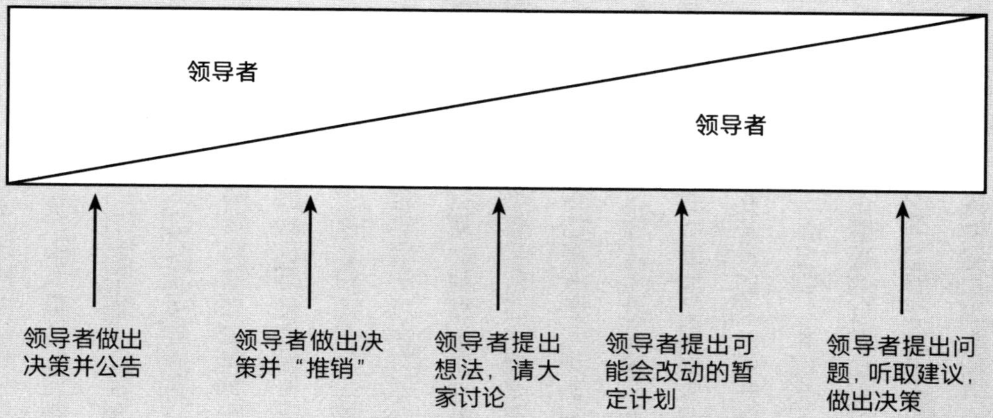

图 8.1 决策选项范围

领导者做出决策并公告

领导者做出决策并"推销"

领导者提出想法,请大家讨论

领导者提出可能会改动的暂定计划

领导者提出问题,听取建议,做出决策

第八章 ※ 进行有效的共享决策

领导者做出决策并公告

根据目标和要素评估行动方案,领导者从中选取一个方案并告知其团队成员。他们不直接参与最终的决策过程,但成员们的反应可能会影响决策的结果。

领导者做出决策并"推销"

领导者做出决策,然后宣布决策并给出理由,说明团队成员可以从中得到哪些好处。成员们隐隐认识到自己在执行该决策方面的重要性。

领导者提出想法,请大家讨论

领导者介绍决策背后的一些背景思考,例如现有的因素和行动方案。领导者需要征询问题,这样团队成员才能真正参与决策,探讨并认可最终的决策。讨论可以使所有相关人员更清楚地了解决策的意义。

领导者提出可能会改动的暂定计划

领导者提出决策以供讨论和审查。从那些会受到决策影响的人那里听取意见和问题后,领导者做出最终决策。

领导者提出问题,听取建议,做出决策

领导者先于团队成员认识到问题所在,或者确定通往目标的初步行动方案,不受任何解决方案或计划的左右。

团队的功能是增加领导者对问题的可能解决方案的储备；团队的目标是利用现有人员的知识和经验；领导者及其团队成员在讨论中拓宽选项范围，然后从中选择当前情况下最优的行动方案。

在某些情况下，时间至关重要。事实上，在专门应对危机（即时间紧迫、生死攸关的情况）的组织或团队中，领导者倾向于直接做出决策并宣布。此外，对交通事故和森林火灾的研究显示，人们希望从一个人那里听到坚决果断的指示——他们需要可以直接执行的决策结果。

第二个关键因素是人员或当事人。他们具备哪些知识和经验？他们是否有资格或能力为决策做出贡献？显然，没有相关知识或背景的人员，与熟悉相关领域、具有相关经验和能力的人员做出的决策差别很大。因此，组织的决策水平越高，越倾向于朝着图8.1的右端发展。因为这里面始终有一个基本原则在起作用——人们在影响其工作和生活的决策中参与越多，就越有决心去执行这些决策。这项原则也同样适用于家庭。

表8.1 共享决策参与度差别

共享决策		
参与度	什么情况下有益处	什么情况下无益处
领导者提出一个暂行计划，如果团队中有人提出了更好的计划，原计划就会改动	团队时间有限。领导者在这个领域富有经验且确信自己是对的	时间充裕，团队成员在专业上和你一样有能力。领导者只是走走过场，不愿接受任何改动
领导者提出问题，并听取团队成员的建议	团队整体水平很高，远超第一种情况。团队整体比个体成员（包括你在内）更具创造力（三个臭皮匠，顶个诸葛亮）	如果团队对手头的事情缺少足够的知识和兴趣，会极其浪费时间
领导者提出一个严密的计划，只需要微微改动即可	领导者绝对相信自己是对的。时间极其有限	团队需要更多地参与思考和决定是否要真的付诸行动

注：在判断应该何时或如何做出决策时，需要考虑两个关键因素——时间和人员。

如何实现团队共识

曾四次担任英国首相的哈罗德·威尔逊退休后给我写过一封信，强调了国家最高层领导者达成共识的重要性。他写道："领导本身必须因领域而异。在政界，你领导的是一群凭借自身实力被选举出来的议员。你必须从争论中求共识……但政治领域和其他大多数人生领域一样，领导者要是走得太远或太偏，也许就会发现他们只能靠自己。"

颇具影响的前西德总理赫尔穆特·施密特曾这样评论作为一名领导人所面临的独特挑战："当领导人是一项伟大的艺术工程，而不是为了让自己看起来像个领导人。他需要具备敏锐的感知力。"

太上，不知有之；其次，亲而誉之；其次，畏之；其次，侮之。信不足焉，有不信焉。悠兮，其贵言。功成事遂，百姓皆谓：我自然。

——老子

团队成员对组织的宗旨和目标做出共同的认可，即形成一套共同的价值观，成员之间不存在好斗或傲慢的利己主义者，只要领导者行事耐心、下定决心且富有技巧，通常就可以达成共识。以下是从工作角度对共识的定义：

团队彻底讨论了可行的行动方案，大家都同意某个特定的解决方案是当前情况下的最好方法，即使它不是每个人的首选。最重要的考验在于，每个人都要把它视作自己的首选并付诸行动。

检验是否存在真正的共识是一项技能，无论是针对团队还是个人。若领导者缺少这种技能，就会给团队和个人带来误认为达成共识的危险，这往往会导致可怕的后果。

有个成语叫"千人千面"。要达成共识并付诸行动离不开领导力，尽管每个人在知识或经验方面各有千秋，但要让他们觉得自己在重要性或价值上是平等的,才是真正的领导力所在。领导者不能像教官一样发号施令,而是要建立和创造共识。正如孟德斯鸠所言:"没有强迫只是给出建议,没有命令只是进行引导。这是最高形式的能力。"

当然,能力高也不要忘了谦逊。

从激烈争论到彻底接受共识

艾森豪威尔回忆道:"丘吉尔在努力说服别人认同他这方面是一个能力很强的人,但一旦最好的决策已经做出——无论该决策是否遵循他的本意——他就会变成这个决策强有力的支持者。事实上,丘吉尔驾驭文字和逻辑的能力非常高超,我几次和他在某个重大问题上发生争执,都很难抵挡得住他的论点,即使我确信自己的看法是正确的,并且事情明显处于我的职责范围内。

"他不止一次迫使我重新审视自己的先决条件,以便再次说服自己我是对的,否则就得接受他的解决方案。然而,即使决策对他不利,他也会欣然接受,并尽其所能地采取适当的行动予以支持。"

领导不是一个独行者

从定义上讲，战略领导者应该是一名通才。这类人可能无法理解高级财务的复杂或高科技工作的内容，所以为了"找出真相"以便做出判断，他们必须不耻下问。但是，战略领导者必须能够判断那些值得请教的人所给出的建议或意见在知识方面的权威程度。

请记住，高层次领导肯定对正在讨论的问题略有了解，否则就不可能走上领导的岗位。倘若领导的想法与顾问的建议存在明显的矛盾，领导就需要把事情弄清楚。不要害怕提问，提问可以使领导相当准确地了解顾问的知识广度和深度，从而规避误判专家意见的风险。他们在过去值得信赖吗？他们是否以诚实和正直闻名？能够相信他们告知的真相吗，无论真相多么令人不快？

糟糕的顾问会使领导对形势的解读偏离客观或中立的状态。他们希望领导遵循特定的路线，给领导提供支持其解读现实的信息。与之相冲突的证据被标在脚注里，其他选项则被归入附录里，从而弱化顾问不喜欢的选项的存在感。

猪湾事件就是一个经典案例，它表明只考虑自身利益和目标的顾问会对决策造成极大的有害影响。1961年，约翰·肯尼迪总统决定入侵古巴，该决定得到了古巴流亡分子的拥护和支持。这群人力劝他通过美国中央情报局入侵古巴，但行动最终以失败告终。而美国中央情报局恰恰也是向他提供古巴及古巴人信息的部门，我们当然可以想到会发生什么。然而，这不能成为肯尼迪总统决策失败的借口。他从报纸和其他渠道获得了一些信息，他应该对专家以及他们能在多大程度上保持公正做出准确的判断。至少他在这次失败上也算是汲取了教训，后来以更有效的方式处理了古巴导弹危机。

因此，对于处在战略领导地位的人来说，要优先鼓励组织成员说真话。领导者要防止有些人打着支持的旗号，过滤或歪曲信息以偏向他们的首选行动方案，进而创造一种人人致力于发现事实并以事实作为行动基础的氛围。如果事实证明领导者的选择是错误的，那就爽快地承认错误。这样，领导者不仅可以展现自己的勇气，还能为同事和下属树立一个好的榜样。

创造性思考者丘吉尔

下面这个例子就很有启发性。故事的主人公是一位不太知名的科学家，名叫R.V.琼斯。在第二次世界大战期间，他被召去给时任英国首相的温斯顿·丘吉尔提供专业建议。

温斯顿·丘吉尔对那些当时被称为"幕后英雄"的人总是格外关心。20世纪20年代，时任英国财政大臣的丘吉尔召见金融和经济专家拉尔夫·霍特雷，根据其私人秘书P.J.格里格的说法，丘吉尔指示说："应该把专家学者从我们囚禁他们的地牢中释放出来，砍断他们身上的锁链，拂去他们头发和衣服上的稻草，让他们走进明亮温暖的财政部会议室，与当今最伟大的辩论大师展开辩论。"

第二次世界大战期间，丘吉尔首相最喜欢琼斯博士。他是一名年轻、说话温和的科学家，在当时受雇于英国政府。

首相把他从圣詹姆斯公园对面的军情六处叫到了唐宁街。

1940年6月21日，琼斯取得了新的重大突破。他和他的团队一直在研究英国遭遇轰炸时德国发射的射电波束，后来确信它们是一种用来引导飞机到达目标的导航装置。一些资深科学家表示高度怀疑，不相信射电波束可以绕着地球表面做曲线前进。琼斯坚持相信它们可以，还认为可以通过反制措施使它们再次弯曲，以引导轰炸机远离城市地区，在无人区投掷炸弹。

那天早上，琼斯走进办公室，发现有一则留言要他前往唐宁街10号的内阁会议室。起先他以为这是一个恶作剧，没有多想，但核查后发现留言是真的。他因此迟到了25分钟。

会议上，丘吉尔要求他阐明一个细节，结果他讲了20分钟。"我走进会议室后，他们漫无目的地讨论了几分钟，于是我知道没人会比我更了解这件事。"琼斯后来回忆说，"尽管当时我并没有意识到自己的冷静，但形势的严峻似乎也让我的信念变得坚不可摧了。"

雷吉·琼斯给首相留下了深刻的印象。从那时起，丘吉尔就极其信任他，称赞他是"那个把该死的波束击破的人"——这对一个28岁的年轻人来说实在太令人激动了!

琼斯回忆他与丘吉尔的会面时说:"一丝不苟寻找事实真相是第一位的。丘吉尔首相说:'你不必客气,只要结论是对的就行。'如果你找一个人,无论其身份多么显赫,连着问他三个问题,答得上来的人并不多。他们的知识基础不牢固到令人难以置信。"俗话说,成功需要99%的努力和1%的天赋。一个人要在基本原理方面具备深厚的基础,对严密的论证保持怀疑的态度,才能发现解决问题的直接方法。

总之,作为一名善于倾听的领导者,应该对各领域权威人士主动提出的建议保持开放的态度,但不要完全失去判断力。

有个故事很有趣,讲的是一名补鞋匠发现亚历山大大帝时代的希腊著名画家阿佩利斯画错了鞋带。这位画家立刻改正了错误。然后,补鞋匠又大胆地批评阿佩利斯画错了人的腿,但阿佩利斯很快回复说:"干你的活去吧。你懂鞋子,可你不懂解剖。"

本章要点

日语单词"nemawashi（根回し）"字面意思是"散掉的树根"，这里表示小组会议，就好像分散的成员汇聚成一个集体。只要得到适当的指导，在做出重要决策之前进行小组讨论，可以使大家清楚地了解相关情况和问题，以及可行的行动方案。

尽量与团队共享决策的主要原因很简单：人们在影响其工作生活的决策中参与越多，就越有决心去执行这些决策。

一定要听取专家的意见，只要他们对自己的话负责。在这种情况下，只要领导者懂得看人，就能获益良多。

虚心听取意见，但永远不要让别人的结论代替自己的思考。作为领导者，做出判断是职责所在。

领导者需要清楚地知道什么叫共识，什么不叫共识。要弄清所有人是否在会议中达成了共识，部分靠观察，部分靠直觉。如有疑问，做个试验。

　　1968年3月31日，马丁·路德·金在华盛顿圣公会国家大教堂发表演讲时说："真正的领导者不是共识的寻求者，而是共识的缔造者。"

　　领导者的工作是确保做出正确决策——一个好的领导不能把这个责任交给团队，因此要保持对过程的掌控。请记住，对结果负责的人是领导，不是团队。

> 超绝的常识是看到事物本来面目的罕见力量，是天才的标志，是得出正确结论和采取正确行动的能力。
>
> ——J.W.福特斯克

第九章 Chapter·09
构建正确的价值观

> 我们在同一片星空下航行。
>
> ——温斯顿·丘吉尔

归根结底，价值观像星星一样指引着我们人生的航向。不言而喻，价值观在个人或企业的判断过程中发挥着关键作用。因此，了解自己的价值观是做判断的首要前提。

价值观就是原则或标准，是我们对生命中宝贵或重要的东西的判断。价值观特指我们内在值得拥有或珍视的东西（如原则或品质）。若一个人被形容为只追求物质价值而忽视人性价值，我们大体上都能明白这说的是什么意思。

我们的价值观似乎存在于我们的下意识甚至无意识里。有时它们似乎只在某种特定的情况下才会被唤醒，这就叫良心的苛责。

> 那邪恶的事物里也藏着美好和善良，
> 只要你懂得怎样把它提炼出来。
>
> ——威廉·莎士比亚《亨利五世》

希特勒时代德国工业的最高领导阿尔伯特·冯·施佩尔证明，泯灭的良知也有复活的一天。他在《帝国之内》（*Inside the Third Reich*）一书中忏悔自己不分黑白地追随希特勒灭绝犹太人的纳粹政策。历史学家一直在争论施佩尔的忏悔到底是不是发自内心。我的哥哥保罗·亚岱尔上校曾代表美国国防部对施佩尔进行过一次视频访问，他相信，也说服我相信，施佩尔的忏悔确实是发自内心的。

作为希特勒的宠儿以及后来最有影响力的部长之一，我被孤立了。无论作为建筑师还是军备部长，只考虑自身领域的习惯给了我许多逃避的机会。我不知道1938年11月9日到底发生了什么，也不知道在奥斯维辛和马伊达内克发生了什么。我说的这些都是真的。但追本溯源，导致我如此孤独、如此逃避、如此无知的还是我自己。

因此，我痛苦反省中所提出的问题其实都是错误的，我获释后遇到的质问一样是错误的。无论我当初知不知道、知道多少，当我了解到那些真实的恐怖行径后，我实际上了解的程度完全不重要了。那些质问我的人从内心里总希望我能说出理由，但我没有理由。

一位美国历史学家说我爱机器胜过爱人类,他说得没错。我发现,看到受苦的人只会影响我的情绪,不会影响我的行为。在情感层面上,我顶多感伤一番,但在决策层面上,我依然被效用原则所支配。在纽伦堡审判中,我被指控在军工厂里使用囚犯。

这些话完全驳斥了这样一个观点,即技术人员或科学家可以放弃道德责任或拒绝考虑个人价值。相反,我们应该把良心视作好人的内在雷达系统。如同其他信号一样,它发出的信息可能会被忽略、干扰或故意歪曲。但让良心就此沦丧会酿成大祸,最终让人追悔莫及。

更好的办法是把良心看作一种道德意识,旨在让我们远离罪恶感带来的痛苦。良心是一个友善的促狭鬼,正如小说家乔治·麦克唐纳对其笔下一个人物的描述:"她为一种被称为'坏良心'的东西而苦恼——其实良心正尽忠职守,它让人感觉不安。"

有些价值观是相对的,有些价值观是绝对的。不要妄图给无法定义的东西下定义。我们在讨论价值观时总会用到抽象名词,它们本身就带有无法用其他术语定义的属性。例如，世界上没有公认的对爱的定义，但我们都知道爱是什么——它是指引我们正确处理所有人际关系的启明星。

第九章 ※ **构建正确的价值观**

如何构建团队价值观

之前，我在《管理与道德：社会资本主义的问题与机遇》(Management and Morality : The Problems and Opportunities of Social Capitalism) 这本书里为企业的价值观确立了一种模式或者框架。40多年过去了，它们仍在我面前闪闪发光。书里最早提出代表了当时和现在的四套价值观——货币价值观、社会价值观、个人价值观和自然价值观的融合。

货币

货币既是一种交换手段，也是一种财富储备。商业利润不可缺少，谁也不愿意赔钱赚吆喝。金钱或财富不是恶，它完全取决于如何获得和怎样使用。

社会

社会是人类群落，包括地方的、区域的、国家的和全球的，我们都生活在一个广义的"人才多样的利益群落"中。这个群落，亦即整个社会，是所有组织活动、生存和实现价值的家园。

个人

我们都是独特的具象的人，每一个人都因自己的人格而具有意义或价值。

自然

我们的自然环境，是我们所有物质资源的源头，其本身也被视为目标，且充满了美。随着旧式资本主义的破坏性影响，自然环境变得脆弱不堪，气候异常现象日益增多。

在人类漫长的历史中，货币、社会、个人和自然这每一种价值观，都被赋予了一种超然的地位。但随着人类社会的日益全球化，这些价值观都已失去了神圣的光环，并与其他三种价值观相互对立。我们虽已认识到了这一点，但仍有待更深入地去感受。

商业操守标准

阿德里安·卡德伯里在英国企业董事联合会杂志《董事》(*Director*)上发表了一篇《管理与道德》(*Management and Morality*)的书评。

约翰·亚岱尔援引阿什比的话说:"工业如果忽视社会价值观的改变,就会犯下大错。"他向我们介绍了这些改变对管理者的影响,并花时间对我们在讨论社会责任等问题时用到的词语进行精确定义。我发现这种条理清晰的分析很有帮助,读完《管理与道德》全书,我对自身所处的位置有了更好的判断。

这本书包含两部分:第一部分建立了管理者必须要做出合乎道德的决策框架,第二部分研究了行动指南。正如约翰·亚岱尔所指出的,决策的难处不在于对错,而在于权利的不同组合。要判断这些,我们需要了解自己的价值观,并能够将它们与其他管理者的价值观进行比较。因此,他更强调相关的案例研究,而不是一般的哲学指导。

除了有益于个人管理者之外,这本书还关注提高商业操守的通用标准。约翰·亚岱尔提出了四种方式:修订公司法，制订公司行为准则（也许可以作为法律的附件），增加董事会中的非执行董事数量和提高股东的参与效率。

我希望在这四个方面都能看到进步，但我认为，良好的自我评价以及与同行保持良好关系的愿望，才是我们维护商业道德标准最基本的出发点。正如约翰·亚岱尔在书中所说："我受够了不被人喜欢。"所有这些都强调了信息披露和公开报告在提高标准方面的重要性。

约翰·亚岱尔总结道："工商业的道德领导者仍然牢牢占据董事会的席位。"既然如此，我们最好弄懂这些话背后的含义。

距卡德伯里写下这篇文章，已经过去了近半个世纪。这么多年以来，世人如何评价社会的发展？我们还需要做些什么？

无论是在一般情况下还是在特殊情况下，关于价值观的相对地位存在大量分歧。但越来越多的人认为，它们应当被纳入政治和管理决策的考虑范围之内。而且这种"应当"还建立在道德和实用性相统一的基础上。

该发展趋势表现为试图给工业设立一个综合性的目

标，以便弥补现有的缺陷，它代表着公共生活价值体系正在发生重要和持续的转变。

严格地说，因为原有价值观不受时间的影响，所以并没有新的价值观产生。但在当下，我们判断价值观的能力比较容易受影响工作和生活的一系列价值观左右。

新的价值观的特点是强调公司作为一个群落，也就是微型社会，有必要确认其良好行为的最低法律标准，以及实际上高于社会平均水平的自由度。这种说法见于1961年亨利·福特二世的声明：

企业主要是生产商品的，但又不仅如此。它还是社会内部的一个小社会，有自己的动机、规则和原则。它是一个有目的的组织，可以给予那些服务它的人以及它服务的人更多金钱以外的东西。它应该在日常行为中反映人类社会的优良传统和远大抱负。

不论在理论上还是在实践中，各国在为企业保留多少自我监管的空间方面都存在着差异。但事实证明，只要我们坚持自己的道德立场，信任工商自律的风险是值得一冒的。

另外，在社会的发展过程中，领导者需要全面理解价值观体系，因为他们必须以此引领方向。

保持诚实、正直

当前,领导者迫切地需要运用判断的艺术以做出各级决策。为什么?因为决策涉及对四套不同价值观的斟酌权衡——有时在需要做出决策的具体情况下,它们之间即便不会发生对立,也会关系紧张。战略领导面临着在这种情况下做出正确决策的挑战,这需要达到诚实、正直(integrity)的最高境界。

诚实、正直意味着一个人积极追求好的结果,且将之看得比自己的利益更重要。因此,它可以说是朝更高社会道德迈进的领导者的一个重要特质。

杰出的商业领导者、联合利华前董事长欧内斯特·伍德洛夫在接受《观察家》(*Observer*)杂志肯尼斯·哈里斯采访时强调了诚实、正直与判断力的重要性:

哈里斯：行业领导者应具备哪一种特质？

伍德洛夫：很多，但必须诚实、正直。这一点毋庸置疑。相比高效、想象力、精明、坚韧等特质，诚实、正直是最不可或缺的。

哈里斯：您所说的诚实、正直对行业领导者来说意味着什么？

伍德洛夫：大多数商业决策都是在不确定的情况下做出的，因为你不可能像理论上那样了解所有信息。面对现有的信息，你需要运用判断并做出决策。

但你得在自己承担得起责任的框架内做出决策。这就是我说的最重要的诚实、正直。商业领导者对股东、员工、消费者甚至日常管理都负有责任。他在权衡这些责任时必须完全做到公正无私。

例如，你可以做出一个有利于股东但无益于公司生态的决策。但你没这么做，而且知道自己没这么做的原因，也知道没这么做会给自己带来哪些麻烦。这就是我所说的诚实、正直。

诚实、正直

诚实、正直意味着我们给了别人信任的理由：不说谎，不欺骗。不信任一旦滋生，就像砍向关系之树的一把斧头。罗马作家卡图卢斯说过："信任就像灵魂，一旦失去，就永远失去。"

诚实、正直，即说话直白坦率，办事光明磊落，是领导者的主要特质之一。莎士比亚在《哈姆雷特》中抓住了它的精髓：

愿你忠于自己，不舍昼夜；
忠于自己，你才不会欺骗旁人。

靠着狡猾手段随心所欲操纵别人的领导者，短期内也许有利可图，但从长远来看一定会失去别人的信任。1642年1月，克伦威尔在给罗伯特·巴纳德的一封信中写道："精明、狡诈会欺骗你，诚实、正直永远不会。"因为诚实、正直意味着坚持存在于自身之外的道德标准，特别是真和善。

诚实、正直总会面临考验，尤其是在牵涉金钱的情况下。乔治·华盛顿曾说过："少有人能抵挡得住金钱的诱惑。"然而，若我们让别人夺走了信誉，就等于夺走了我们的一部分灵魂。因为诚实、正直是心灵最后的内在堡垒，即便外面的堡垒已经坍塌，内心最深处的信誉也值得我们捍卫死守。无论别人变成什么样，都不要忘记自己是谁。

"Integrity（诚实、正直）"源自其拉丁语"integer"，即整体、全部。到16世纪中叶，"integrity"增添了道德层面的意义："道德原则的健全，纯洁的美德，正直、诚实、真诚。"《韦氏词典》将这层意义扩展为对道德、艺术等方面的价值观的坚守。

诚实、正直这个概念的核心在于为事实服务，更全面地说，在于其无私向善的价值观。它意味着全盘接受任何真实的、正确的或美好的东西。以下这个事例中的主人公恰恰缺乏这种态度。一名英国公务员在《泰晤士报》上为其前领导撰写讣告时写道：

最难忘的是他对我说过的一句话，我一直牢记在心，即使自己当了领导也没忘。茶歇期间，我提起我刚刚给他写的一封长信，说我不能完全肯定我的观点都是对的。他回答说："亲爱的，我们的工作没有对错之分。只有你的意见和我的意见，碰巧我是老大，所以你就要听我的。"对于一个刚刚开启公务员生涯的年轻人来说，还有比这更有意义的第一课吗？

幸而当天还有一名投稿人对该问题给出了一个可能的回答。美国总统杜鲁门曾到牛津大学接受荣誉学位，一位教授回忆了和他的一段对话。杜鲁门告诉他，除了那句著名的"责无旁贷"，他的桌子上还有一句座右铭。那是美国作家、幽默大师马克·吐温说过的一句话："永远要讲真话。它会让一些人高兴，让另外一些人害怕。"

可见，一个人可以诚实、正直到如此程度：坦诚面对信任、责任或保证，也毫不掩饰自己的行为标准。因为诚实、正直与一个人被机会主义或自私冲动所驱使的状态截然相反，后者有可能破坏这个人作为一个整体的统一性。当一名学者或艺术家被评价为诚实、正直时，我们都知道这意味着：他们不自欺，也不欺人；他们不是善于摆布别人的人。

从这个意义上说，为何诚实、正直的人能获得他人的信任呢？这个问题是需要我们继续去思考的。当然，我们都知道，一个故意用谎言误导我们的人迟早会失去我们的信任。那些欺骗人或自认为能瞒天过海的领导者过去和现在都学不会这个原则。但纸终究包不住火，他们也将寝食难安。因为无论真相如何被遮掩，都总有水落石出的一天。

曾在第二次世界大战期间担任英国外交部部长的斯特朗强调了其职业中判断的性质和重要性。他在1951年出版的自传《国内外》(*Home and Abroad*)中写道："外交的艺术在很大程度上在于在信息不全、时间有限的情况下做出合理的判断和明智的决策。外交家得有头脑，知识渊博可以成为他们的优势，但本质上外交是行动而不是学问。"

因此，斯特朗对外交新手提出的第一条建议就是："保持冷静、清晰的判断。那些能控制理智和脾气的人才能处于优势地位。"

他接着写道："其次要诚实。尽管备受嘲讽，但优秀的外交官不会撒谎。如若撒谎，他们就会失去政府的信任，变得毫无用处。所有探讨外交艺术的畅销书作者都会强调这一点。为了表现自己在外交谈判中占据上风，有时你在记录与外国代表的对话时会忍不住多写一点或少写一点。但如果你经常这么做，总有一天会失手。因为双方都会做记录，而这些记录迟早都会发表。历史学家很快就能发现谁在撒谎。那时你可能已经作古，但政府和外交部的声誉将会受损。外交官们一不小心就会着了这样的道儿。"

出于正当理由隐瞒部分事实与从头到尾说谎大有区别。

孔子坚持认为领导者讲诚信很重要。在他看来，为了获得他人的信任，领导者必须诚实、正直。

子曰："晋文公谲而不正，齐桓公正而不谲。"

我们可以推断，晋文公不受孔子的认可。怎么可能呢？因为除了别的方面以外，诚实、正直肯定意味着守信用或可信赖。毫不夸张地说，孔子认为诚实、正直是道德品格的关键。他这样说：

子曰:"人而无信,不知其可也。大车无輗,小车无軏,其何以行之哉?"

塞缪尔·约翰逊博士说过:"无知而诚实、正直,虚弱无用;博学而不诚实、正直,危险可怕。"显然,光有诚实、正直是远远不够的:它是判断的地基,但还不能真正建成高楼。

在诚实、正直方面,美国第一任总统乔治·华盛顿做出了榜样。华盛顿在给其亲密顾问詹姆斯·麦迪逊的一封信中写道:

老话说,诚为上策。这既适用于公共生活,也适用于私人生活;既适用于国家,也适用于个人。

野心勃勃的人通常要经受诚实、正直的考验,我指的是那种过分追求地位和财富之人。毕竟,牺牲道德价值以换取成功捷径,这样的诱惑有时太难抵挡了。可是,那些为了野心而舍弃诚实、正直的人很可能会痛悔一生。

保持谦逊

谦逊是心灵的镜子。它能让你看清现实，也看清自己。

曾在丘吉尔的战时内阁担任过战机生产部部长的加拿大籍英国保守党政客、报业巨头比弗布鲁克十分看重谦逊的价值。在《别相信运气》(*Don't Trust Luck*)这本书中，他指出成功人士要想获得幸福就应该遵守三大规则："行公义、好怜悯、存谦逊……谦逊是迄今最难达到的品质。许多成功人士在本性上似乎就与之背道而驰，他的事业里充满奋斗、勇敢和征服，似乎到了傲慢的程度。"

他补充道："我不会假装谦逊。我只能承认，就我现有的谦逊程度而言，我过得还算幸福……事实证明，成功与谦逊并非互不相容。"

这在一些战略领导者的生活中信而有征。例如，德怀特·D.艾森豪威尔在策划1944年诺曼底登陆时与温斯顿·丘吉尔相识，在他看来，丘吉尔自信满满且无礼，而在那些不熟悉的人看来，丘吉尔可能就显得傲慢。但维奥莱特·伯纳姆·卡特夫人等老朋友们却看到了丘吉尔的另一面。有一次，她温和地责备了他表现出来的外在性格："温斯顿，你要记住，你和我们一样都只是小人物。"丘吉尔想了一会儿，笑眯眯地答道："是的，我是小人物，但我是一个发着光的小人物。"

谦逊的品质

谦逊是我在每一位我所深深崇拜的领导者身上观察到的品质。我曾看到温斯顿·丘吉尔在感谢人们对英国和同盟国事业的帮助时，脸上流淌着感激的热泪。

我自己的信念是，每个领导者都应该足够谦逊，对下属所犯的错误坦然负责，对他们的成功予以公开表扬。我知道一些流行的领导理论认为最高领导必须始终保持正面形象。但我认为，从长远来看，公平、诚实以及对待下属和同事的宽容态度才能带来成功。

——艾森豪威尔

一个好的战略领导者,若其做出的决策导致了失败,那必然会承担起全部的责任。1775年,乌尔夫将军对魁北克的第一次进攻失败。他写道:"责任全在我,我愿意为此受罚。意外无法避免。这个计划有缺陷,我也有责任。"

艾森豪威尔也做好了承担失败的责任的心理准备。1944年6月初,空军司令因天气情况主张继续推迟西线出击。在与各位将军和专家顾问磋商后,艾森豪威尔自己做出了重大决策,即在1944年6月6日冒险继续作战。在战机出发前,他写了这份新闻稿,以便必要时使用:

登陆失败,我已经撤回了地面部队。依据现有的全部信息,我决定在这个时间和地点发起空中进攻。陆军、空军和海军都奉献了他们的勇敢和忠诚。如果这次进攻有任何错误或过失,那都是我一个人的责任。

希特勒却有不一样的选择。他经常把军事计划的失败归咎于下属的无能或意志力缺失。第三帝国崩溃后,希特勒认为德国人民令他失望,却不敢面对自己作为领导者的最终责任。

在做决定之后承认自己犯了错误并接受其后果，只是谦逊的一个方面。在做决定之前乐于听取他人的意见，不把自己当成是唯一知道该怎么做的天才，同样是谦逊的一个重要方面。苏格兰有句谚语："宗族大于族长。"相信这一点的族长更有可能咨询并听取宗族的想法。正如作家G.K.切斯特顿所说："谦逊是成功的保证。"

20世纪90年代曾担任博姿美妆董事长兼首席执行官的詹姆斯·布莱斯在一场领导力的讲座上说："如若缺少谦逊，你就不是一个领导者，甚至不是一个真正的人。"布莱斯认为，谦逊意味着领导者有信心"直面疾风暴雨且永不动摇"。它是一种与过往保持紧密联系却又不过分卷入其中的能力。

联合国第二任秘书长达格·哈马舍尔德大概是对谦逊的意义进行过最深刻思考的领导者之一。他的私人日志始终贯穿谦逊的主题。哈马舍尔德去世后，这本日志分别以《路标》（*Väg Märken*）和《标记》（*Marking*）为名出版了瑞典语版和英语版，其中就包含了对谦逊的思考。例如：

谦逊是自我欣赏和自我贬低的对立面。谦逊不是做比较。自我在现实中是安全的，与宇宙中的其他事物相比，既不好也不坏，既不大也不小。它是虚无，但同时又包罗万象。从这个意义上说，谦逊是绝对的自我克制。

日本陶艺家滨田庄司把谦逊称作"断尾"——切断过度利己主义之尾。顺便说一句，英语单词"egoism（利己主义）"和"egotism（自我中心）"存在细微的差别。"egoism"强调专注自我——专注自我的利益和需求。它通常是指利己主义，尤其是指与利他主义或他人的利益相悖、充当个人行为的内在动力；"egotism"强调一种吸引注意并把兴趣集中在自己、自己的思想或自己的成就上的倾向。这是一种很难掩饰的特质，因为它体现在不断地谈论自己中，通常这种谈论会过度使用自称"我"。

领导力速成法

最重要的六个字："我承认我错了。"

最重要的五个字："我为你骄傲。"

最重要的四个字："你怎么看？"

最重要的三个字："对不起。"

最重要的两个字:"谢谢。"

最重要的一个词:"我们。"

最不重要的一个字:"我。"

作为第二次世界大战后期欧洲战场上的最高统帅,艾森豪威尔的领导体现出了诚实、正直、谦逊等价值观,它们是判断的重要组成部分。剑桥大学在为艾森豪威尔授予荣誉学位时称赞说:"他树立了善与智慧的榜样,集谋略、仁慈和礼貌于一身。他让人很快就没了别的想法,怀着共同的愿望为所有人的成功而努力。"

智识上的谦逊

人们之所以重视谦逊,是因为它有助于成就一名优秀的以及追求优秀的领导者。然而,我之前就提到过,为何说谦逊是一种智识美德呢?它在判断中又起什么作用呢?

答案很简单:智识上的谦逊就是清楚自己知道什么,不知道什么。说来也奇怪,这会让你拥有一个并非所有人都喜欢的优势。正如马克·吐温所说:"让我们陷入困境的不是无知,而是看似正确的谬误论断。"

苏格拉底的秘密

我去拜访一个以智慧著称的人,因为我觉得这样我就能成功地反驳神谕,告诉神:"你说我是最聪明的人,但这里有比我更聪明的人。"

于是我对这个人进行了彻底调查,并在与他的交谈中形成了以下印象:尽管在许多人看来,尤其是在他自己看来,他很聪明,但实际上并非如此。我试图向他表明,他只是自以为聪明,其实并不聪明,结果遭到了他和许多在场的人的反对。

我一边走一边想:"好吧,我肯定比这个人聪明。很可能我俩都没有什么值得夸耀的知识。但他认为他知道所有的东西,而我却很清楚自己的无知。无论如何,在这一点上我似乎比他更聪明,我不认为我知道自己根本不知道的事……"

在继续调查的过程中,我发现那些名声显赫的人几乎完全没有认识到这一点,那些被认为是不如他们的人实际上反而更具智慧。

"现代医学之父"威廉·奥斯勒不仅自身具备优秀医

生的品质，而且还在祖国加拿大和英国牛津大学向一代又一代的医科学生传授这些品质。他极其推崇苏格拉底在智识上的这种谦逊。他写道："在这个自我意识膨胀的时代，竞争压力剧增，人们普遍渴望充分表现自己，宣扬这种美德的必要性似乎有点过时了，但为了谦逊本身，也为了其带来的好处，我坚持保留它。"

权衡概率的过程，

必然伴随着错误判断。

——威廉·奥斯勒

▼ 第九章 ※ 构建正确的价值观

本章要点

价值观就像星星：我们以它们为导向，决定我们的所有判断。真实是其中最亮的一颗星。

在当下全球新的环境下，最高层次的领导者自有其模式，或者说是货币、社会、个人和自然这四套价值观的融合。无论现在还是未来，优秀的商业领导者都应在判断中诚实、正直地权衡这些价值观。

古罗马有句谚语说："诚实、正直是最宝贵的财富。"诚实、正直意味着非常讲信用且不能被收买，到了这个程度，一个人是不可能辜负信任的。

谦逊可以让你保持开放的心态去学习更多的东西。它是卓越领导的必备条件。智识上的谦逊就是真正意识到你的所知和无知，以及我们的所知和无知。谁更聪明呢？

在原有价值观的基础上，可以建立新的价值观。

在我们这个风云变幻、相互依存、易受干扰的世界里，没有什么能比领导者的品质和信誉更重要。

▼ 第九章 ※ **构建正确的价值观**

第十章 Chapter·10 实践的智慧

> 良好的判断力在实践的智慧中诞生，由经验约束，受美德启发。
>
> ——塞缪尔·斯迈尔斯

要论表示与理解情况、预测结果和明智决策等方面相关的心理素质，wisdom（智慧）这个词远远超越discernment（洞察）、discrimination（辨别）、judgment（判断）、sagacity（睿智）、sense（理智）这些意义相近的词。

因为智慧（希腊语为"sophia"）代表了一种罕见的组合：智力上谨慎、成熟、敏锐，阅历丰富，知识广博，思想深刻，常怀怜悯之心。在更广泛的意义上，智慧代表了对道德和智力能力最崇高的运用。

在实务方面，古希腊人发明了另一个词"phronesis"。罗马人将其译为"prudentia"，最后演变成英语单词"prudence（审慎）"。但这并不准确。"phronesis"的完整意思是实践的智慧。就我在这几页叙述和探讨的意义而言，它实际上最接近于"judgment（判断）"。

亚里士多德对伦理学的讨论，主要就集中在"实践的智慧"上，促使这个概念保存至今。它本质上是指在面临道德挑战的情况下该做什么以及怎么做的实践判断。

最高层次的判断

具备实践智慧的人永远是有本领、有判断的实干家。例如，在希腊，智者把房屋建在石头上，而他的邻居只知道把房屋建在沙土上。因此，当冬季风暴来临时，智者的房屋屹然挺立，邻居的房屋则轰然倒塌。

在亚里士多德的著作里，具备实践智慧的人远远不只是一个经验丰富的建造者。实践的智慧是一种能力，使我们能够发现对全社会有益的东西。这意味着无论现在还是将来，都要弄清楚什么对全人类有益，对我们这个复杂脆弱的星球上的所有生命有益。

顺便说一句，我们可以从一个人的character（性格）而不是personality（个性）中发现这种善。"character"起源于希腊用来在石头或金属上雕刻的工具名称，通常指用来区分个体的所有特质或特征。更具体地说，它是指除了智力、能力、经验、特殊才能等因素之外用来判断一个人的道德品质。

为什么判断要讲究善？因为领导者会面对许多道德层面上的决策，如若缺乏实践的智慧——才智、经验和善——做出的道德判断就会欠缺那至关重要的道德标准。道德盲是人类最危险的倾向。

领导者不辨是非，比不知左舷右舷还要糟糕。若一艘船由这样一个在道德上盲目的领导者掌舵，注定会撞上礁石。

古希腊人把实践的智慧视作领导者的最佳品质。头脑敏捷、目光敏锐，对任何新情况都能立刻理解，在政治方面通达谙练……这些是形成实践智慧的部分因素。因拥有实践智慧而被同代人戏称为奥德修斯的地米斯托克利，就是这些品质的化身。他从小就展现出非凡的才能和勤奋。事实上，他的成功证明了伯里克利的观点，即在雅典"一个人属于什么阶级不重要，重要的是他实际拥有的能力"。

修昔底德在讲述雅典和斯巴达的战争时写道，很少有人能在实践的智慧方面超越地米斯托克利。

地米斯托克利显然天资非凡。他在这方面独一无二。面对必须立刻决定、不允许长时间商讨的问题,他无须事先研究或深思熟虑,只要运用天生的智慧,就能得出正确的结论。在估计可能发生的事情时,他也总比别人预测得更准。

凡是熟悉的话题,他都能讲得很清楚;哪怕是不熟悉的话题,他也能提出很好的观点。他特别擅长展望未来,发现或好或坏的潜在可能。一言以蔽之,凭借天才的头脑和强大的行动力,这个人可以说完美地诠释了什么叫在正确的时间做正确的事。

经验确实能使人对自己的判断产生信心。例如,海军上将霍雷肖·纳尔逊的说法也不无道理:"一般而言,我遵从自己的想法做出的判断,要比听从别人的意见做出的判断正确得多。"然而,过度自信的危险一直都在,其主要表现形式为失去谦虚的开放心态,对那些有资格提出意见和建议的人的看法越来越不以为然,最后甚至拒绝听取别人的观点。

时间是有限的资源。高层领导者一定要能够辨别出身边的人或接近他们的人谁有相关和重要的事情要说，且能简洁地表述。这个原则既适用于与团队的讨论，也适用于与个人的讨论。

公元1世纪，希腊作家奥诺桑德写了一部简要但详尽地谈论将军角色的作品《战略》(*Strategikos*)。他指出，无论代表集体还是作为个人，做判断时在相信自己抑或他人的问题上均要讲究平衡：

将军在做判断时不能反复无常，以免彻底丧失自信；也不能固执己见，以免觉得自己的想法天下第一。显然，若领导者只关注别人，不关注自己，就会挫折不断。相反，若领导者只相信自己，从不听取别人的意见，就会犯下许多错误。

但归根到底，你还是要遵从自己的选择，尤其是在职业或家庭选择等个人问题上。最好的做法是倾听—思考—行动。正如蒙田所言："我留心听取众人的判断，但只遵从自己内心的选择。"

艾森豪威尔补充说："称职的领导者当然要有一定的

自我意识，理所应当为自己的成就感到自豪。但作为真正伟大的领导者，其事业必须凌驾于自我之上。"我的一位尊敬的老长官说过："要严肃对待的始终是你的工作，而不是你自己。"该建议强调了领导者尤其是最高领导者的一个重要能力：保持幽默感，因为幽默能使事物平衡，它是消除自大的良药。如果你无法做到谦逊，那一定要懂得幽默！

19世纪伟大的政治演说家、英国首相威廉·尤尔特·格莱斯顿同样表达了"工作为先，自我次之"的原则：

我们要尊重我们的责任，而不是我们自己。

我们要尊重我们力所能及的责任，而不是简单考虑我们的能力。

自我反思不是骄傲自满。

当审视自我时，必须始终以其目的为导向。

理智若遇上谦逊，便可散发出双倍的光彩。

一个人若能干且谦逊，便比那价值连城的宝物还要珍贵。

本章要点

实践的智慧融合了才智、经验和善，是我们所知的最高层次的判断。

智慧指引我们前进，是我们可望而不可即的憧憬。它是莎士比亚口中"不确定的人生旅途"上的又一盏指路明灯。

失败是有益的。真正懂得思考的人，从失败中学到的同从成功中学到的一样多，前提是他们要冷静，反思并吸取教训。

以色列外交官、作家阿巴·埃班说过："当国家和人民别无选择时，就会理智行事了。"只有实践的智慧，才能使我们摆脱这种没有选择的残酷局面。

战略领导者的不同，不在于分类，而在于面临问题的规模和复杂性。它需要与之相适应的实践智慧。

亨利·基辛格说过:"与其说领导者足智多谋,不如说其头脑清醒、眼光敏锐。"清晰的思维是你通往实践智慧的坦途大道。对了,可别忘了带上幽默感!

领导能力不是与生俱来的,而是后天培养的。

尾声

公元前442年左右，索福克勒斯写出了希腊悲剧《安提戈涅》(*Antigone*)。该剧描写了一个因实施暴政而倒台的国王。在这场悲剧中，一位报信者洞察了所有苦难的根源。他说："缺乏判断力是人类遭受折磨的罪魁祸首。"

无论在职业生涯里，还是在个人生活中，如何做出正确的判断始终是摆在我们面前最困难而又最迫切的任务之一。虽然我们谁也无法驾驭判断，但可以通过一些简单的步骤提高自己的判断技巧。

19世纪苏格兰作家、科学家亨利·德拉蒙德在他的演讲《世界上最伟大的事》(*The Greatest Thing in the World*)中，简略叙述了事实真相对一个人的意义：他只接受真实的东西；他会努力获取事实；他会以谦逊和公正的心态去寻求真理，珍惜自己付出心血所找到的一切。

小说家、诗人A.E.豪斯曼认为："人类对真理的热爱微不足道。"没错，可这种微弱的激情往往又是最崇高持久的。

我们也许会感到困惑或失去方向，但有了这样一盏灯照耀前方，迷雾终将散去，我们会再次找到坦途。

无论起初多么小心地试探，相信自己的判断，抓住一切机会去实践。经验会帮助我们改正错误，成为最好的老师。正如苏格兰作家、改革家塞缪尔·斯迈尔斯所言："实践的智慧只能从经验中习得。"规则和教条就其本身而言是有用的，但没有现实生活的训练，它们就只停留在纸面上。

是的，智者知道他们需要听取别人的意见并向别人学习。他们也享受这么做。如果仅仅依靠经验，你就会浪费大好的年华，待学会之时可能已白发苍苍。因此，我建议你"向别人学习，但要坚持自己的判断"。中国有句谚语说得好：

兼听则明，偏信则暗。